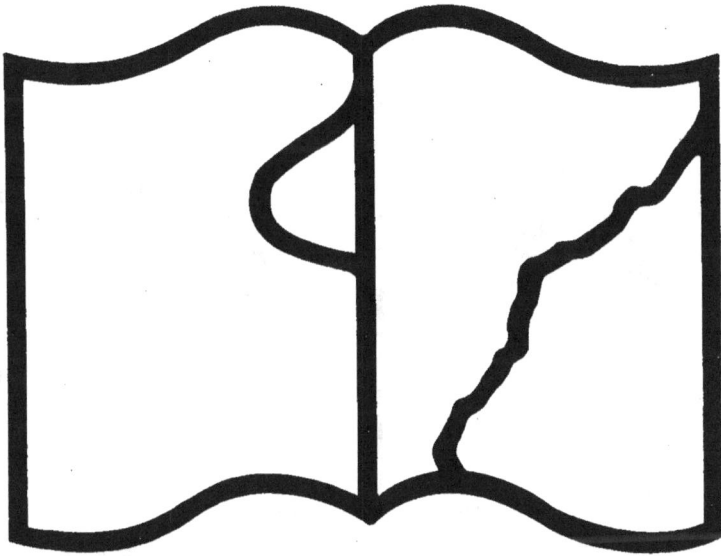

Texte détérioré — reliure défectueuse

NF Z 43-120-11

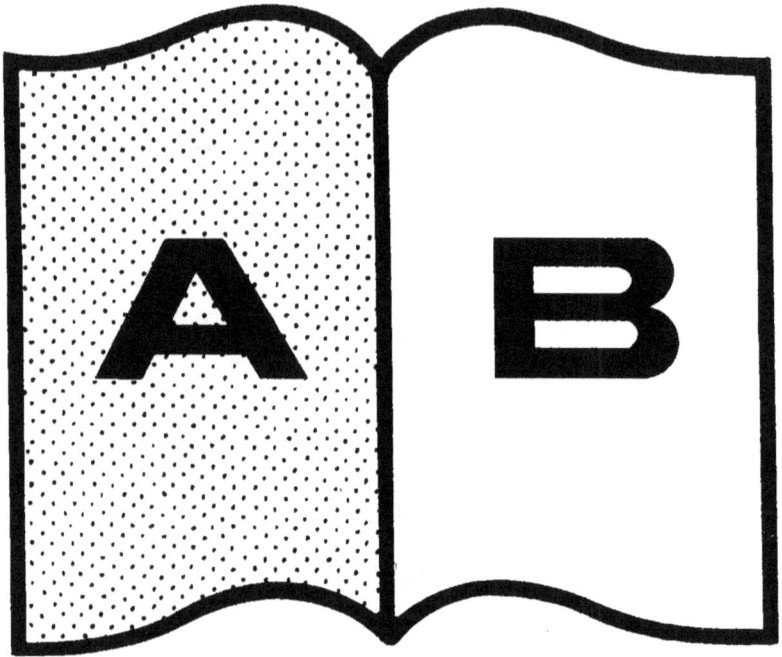

Contraste insuffisant

NF Z 43-120-14

Nouveau Dictionnaire
militaire N'est pas double

Double V.

V_{2560}

6

22696-22697

LES
LYONNOISES

PROTECTRICES DES ETATS SOUVERAINS

ET

CONSERVATRICES DU GENRE HUMAIN,

OU

Traité d'une Découverte importante & nouvelle

SUR LA

SCIENCE MILITAIRE ET POLITIQUE.

DÉDIÉ AUX ROIS ET PRINCES.

Par Z. DE PAZZI-BONNEVILLE.

Avec XIX. Planches en Taille-douce.

Croire tout découvert est une erreur profonde,
C'est prendre l'horison pour les bornes du monde.

DEM.

A AMSTERDAM,
Chez MARC-MICHEL REY,
MDCCLXXI.

AVERTISSEMENT

DE

L'ÉDITEUR.

L'AUTEUR de cet Ouvrage, qui est mon Ami, étant sur le point de faire un voyage de long cours, me fit dépositaire de ses Manuscrits il y a cinq ans, & m'enjoignit de les mettre au jour au cas que je n'eusse pas de ses nouvelles dans un tems fixé. Je satisfais actuellement à ses intentions, & je crois rendre service au public en remplissant les devoirs de l'amitié.

LE Manuscrit n'avoit d'autre titre que *les Lyonnoises*, tout simplement; j'ai cru devoir y ajouter ces mots, *Protectrices des Etats Souverains & Conservatrices du Genre - Humain*, non pour me conformer à l'usage où l'on est aujourd'hui d'orner les frontispices des livres d'un titre magnifique & pompeux afin d'en

* 2

impofer au public, mais parce que réellement ce titre lui convient, de l'aveu des gens fen-fés & éclairés, qui ont examiné l'Ouvrage avec une fcrupuleufe attention.

M. DE BONNEVILLE m'a encore confié la partie qui regarde la Marine, & je me propo-fe de la donner au public quand l'Édition des *Lyonnoifes* fera débitée. J'ai cru ne pas devoir faire imprimer le tout enfemble, en confidéra-tion du Libraire qui auroit couru rifque d'être pillé par les corfaires de la Typographie. Cette partie de la Marine étant beaucoup plus volu-mineufe que celle-ci, & contenant un plus grand nombre de Planches, la dépenfe de l'im-preffion en fera par conféquent plus confidéra-ble. On l'imprimera en deux ou trois Volu-mes de même format que les *Lyonnoifes*, mê-me papier & mêmes caracteres, afin que tout l'Ouvrage foit uniforme.

A

MESSIEURS

DE

L'ACADÉMIE FRANÇOISE.

MESSIEURS,

IL y a quelques années que votre Illustre Assemblée s'étoit proposé de couronner le meilleur
Discours qu'on lui adresseroit sur les moyens de
faire cesser les guerres qui désolent l'Europe &
sur ceux de procurer une paix perpétuelle & universelle entre les Puissances Chrétiennes.

J'ignore, Messieurs, si cette proposition, vraiment digne du Sénat de l'Eloquence Françoise,
a été concourue, mais je sçai que cette couronne,
la plus belle de l'univers, est toujours en votre

* 3

diſpoſition, & je crois qu'elle y ſera encore bien
des années avant qu'il ſe trouve une tête ſur laquelle vous puiſſiez la placer. Un Diſcours Aca-
démique qui auroit la vertu d'empêcher les fourberies de la politique, de ſuſpendre les horreurs de
la guerre, de dompter les paſſions des Rois &
des Grands, eſt la pierre philoſophale de l'Eloquence qu'on ne trouvera jamais. On attribue
à Henri IV., ce grand & magnanime Roi, un
projet de paix perpétuelle. Le bon Abbé de St.
Pierre en a fait un auſſi, que l'honnête Jean
Jacques Rouſſeau a commenté; pluſieurs autres
Philoſophes ſe ſont occupés en vain d'un objet
auſſi intéreſſant pour l'humanité.

Si ces grands hommes n'ont pas réuſſi dans ce
beau projet, moi pauvre petit individu, dois-je
eſpérer de mieux réuſſir qu'eux? Les uns diſent

qu'oui, d'autres en doutent? Lisez, Messieurs, examinez, faites des expériences & jugez l'Ouvrage que j'ai l'honneur de présenter bien respectueusement à votre Illustre Assemblée, non pas comme une Pièce d'Eloquence ni un Discours oratoire, mais comme une invention d'un nouvel Art de la guerre défensive, qui a pour but de rendre la guerre offensive inutile, & qui par conséquent doit procurer une paix perpétuelle & universelle. Comme votre Illustre Assemblée est composée d'un grand nombre d'habiles Militaires, la matiere que traite cet Ouvrage ne leur sera pas étrangere.

Si j'ai le bonheur d'avoir réussi dans mon projet, j'en serai bien aise par rapport aux avantages qu'en retirera la Société; si je n'ai pas réussi, j'en serai fâché à cause de ceux qu'elle n'en retirera pas. Dans le premier cas, j'aurai lieu de me glorifier de mon entreprise: dans le second, je n'aurai pas honte d'avoir échoué.

Je suis, Messieurs, avec un très-profond respect,

De Votre Illustre Assemblée & de chaque Membre en particulier qui la compose,

Le très-humble & très-obéissant Serviteur

L'AUTEUR DES LYONNOISES.

DISCOURS

DISCOURS
PRÉLIMINAIRE.

Sœur de la Mort, impitoyable Guerre,
Droit des Brigands que nous nommons Héros,
Monstre sanglant né du flanc d'Atropos,
Que tes forfaits ont dépeuplé la terre !

VOLTAIRE.

J'ENTREPRENS ici d'enchaîner ce Monstre. Voilà l'entreprise d'un fou, s'écriera-t-on. Mais sans craindre les clameurs de l'incrédulité, je dirai plus, j'ose croire que j'y réussirai.

JE combattrai cet implacable ennemi du genre-humain, avec des armes qui lui sont inconnues : mais ces armes terribles, semblables à ces bêtes venimeuses dont la piqûre est mortelle, portent leur contrepoison.

A

ETRE SUPRÊME, qui as fait l'Univers, pro-
tege mon projet! tu es le Dieu de paix, c'eſt
blaſphémer contre ta divinité que de croire
qu'elle autoriſe le meurtre & le carnage parmi
les malheureux humains. Si leurs vœux indis-
crets parviennent juſques à toi, ils outragent
ta juſtice & ta bonté, lorſqu'aſſemblés dans
leurs temples ils invoquent ton nom ſacré &
te prient de les faire réuſſir, ou te remercient
d'avoir réuſſi à maſſacrer leurs freres! Non,
tu n'es point le Dieu des batailles, tu n'as pas
fixé la durée des Empires : leur accroiſſement
& leur deſtruction font l'ouvrage des hommes.
En les créant tu leur donnas la raiſon, tu leur
donnas le ſentiment du bien & du mal, & tu
les abandonnas à leurs querelles & aux paſſions
inhérentes à leur propre nature.

DE toutes les paſſions, la plus funeſte aux
ſociétés eſt l'ambition de conquérir, & c'eſt
un malheur pour l'humanité que les Puiſſances

fon de juftice qui les y oblige, c'eft leur propre impuiffance: Auffi la foi du ferment fain-
tement juré d'obferver les conditions des Traités eft toujours violée. Ces Traités de paix ne
durent qu'autant de tems qu'on en a befoin
pour fe mettre en état de recommencer la
guerre. Telle a été la maxime politique de la
plupart des Puiffances de l'Europe depuis bien
des fiècles.

Nous ne voyons plus de nos jours, dit-on,
des *Attila* ni des *Gengis* ; point de guerres, grace
à cet équilibre de la balance politique, qui cau-
fent des révolutions confidérables par la ruine
entiere d'une Puiffance du premier ordre. Cela eft vrai en quelque maniere ; mais les fociétés en font-elles plus tranquiles & plus heureu-
fes? Combien dans l'efpace d'un fiècle l'Europe a-t-elle joui d'années de paix? On compte
vingt-cinq à trente ans de tranquilité fur foixante-dix de guerre. Que de fang répandu

depuis le régne de l'Empereur Charles-Quint inclusivement, jusques à celui de Joseph II. exclusivement! Depuis cent soixante ans seulement, il y a eu quarante guerres générales en Europe, indépendamment d'un grand nombre de particulieres. De bons calculateurs ont trouvé qu'il a péri dans ces guerres au delà de vingt millions d'hommes à la fleur de leur âge, qui n'ont laissé aucune postérité sur la terre.

L'on est dans une bien fausse opinion, de croire que les guerres sont moins destructives de nos jours qu'elles ne l'étoient anciennement, & que l'invention de la poudre à canon a rendu les batailles moins longues & plus expéditives. L'Auteur des Lettres Persannes a sur-tout appuyé sur cette opinion.

Il y a eu sans doute depuis cette invention, comme il y en avoit avant, des batailles peu meurtrieres: de même il y en a eu qui l'ont été extrémement. Nos batailles durent quelquefois des journées entieres, auffi quelquefois elles fe décident en peu d'heures; cela dépend aujourd'hui, comme anciennement, des circonftances, des pofitions de terrein & des difpofitions des armées. Mais les guerres en font - elles moins longues & moins meurtrieres? La guerre de trente ans en fait preuve. Nous avons beaucoup plus d'affaires de poftes & de combats de détachemens que n'en avoient les Anciens. Chez eux deux ou trois fiéges faifoient époque pendant une longue guerre; chez nous il n'y a prefque point de Campagnes où il n'y en ait plufieurs, dans lefquels on perd autant & fouvent plus de monde que dans une bataille rangée, quoique la poudre à canon ait rééllement abrégé la durée des fiéges; ce qui eft un grand malheur, parce que les conquêtes & les dévaftations fe font bien plus rapidement aujourd'hui qu'autrefois, vu qu'il falloit alors des années entieres pour emporter une place ceinte de fimples murailles , & que fouvent on ne la réduifoit qu'en l'affamant par un long blocus.

Au refte, la plupart des hiftoires que nous avons des guerres des Anciens ne font qu'un tiffu de menfonges répétés par différens Auteurs qui en ont altéré les faits en dépit du bon fens, & il n'en faut avoir qu'un peu pour difcerner le vrai d'avec le faux dans les defcriptions de leurs batailles.

Il en eft de même aujourd'hui des Auteurs qui n'ont d'autres garans des événemens militaires qu'ils tranfcrivent, que les relations fauffes & impertinentes, que pour certaines raifons politiques les Secrétaires des Miniftres ou des Généraux adreffent aux Gazetiers, afin d'en impofer au public.

Nous faifons la guerre, dit-on encore, avec plus de politeffe & plus d'humanité que les Anciens ; cela pourroit être entre les perfonnes du premier rang , les Officiers, les Riches, lesquels fe traitent avec une certaine politeffe vaine & intéreffée, par la crainte des répréfailles s'ils en agiffoient autrement. Mais pour de l'humanité envers le pauvre peuple, cela eft faux, il n'y en a pas. L'hiftoire des guerres des anciens Barbares ne nous offre pas plus d'exemples de meurtres, de pillages, de faccagemens, d'incendies & d'horreurs de toutes les efpeces, que celle de nos dernieres guerres.

LE fyftême politique, que l'on appelle balance des forces des grandes Puiffances de l'Europe, peut bien quelquefois mettre obftacle aux projets d'une Puiffance ambitieufe, mais ce cyftême nous procure-t-il une tranquilité bien durable? Quelqu'une de ces Puiffances du premier ordre, jaloufe de la profpérité d'une autre, faifit la moindre occafion pour lui faire la guerre; alors elle entraîne avec elle plufieurs autres Puiffances du fecond & du troifieme ordre,

& voilà toute l'Europe en feu fous prétexte de maintenir l'équilibre de cette balance politique.

Toutes les Puiſſances aujourd'hui veulent être commerçantes, & preſque toutes ſont rivales en commerce. Quelques toiſes de déſerts dans les Indes, une prétendue inſulte faite à un bateau, ſerviront de prétexte pour faire la guerre, laquelle n'aura bien réellement d'autre motif qu'une baſſe jalouſie que l'une aura des progrès du commerce avantageux de l'autre, afin de tâcher de le ruiner. Alors on ne manque pas de mettre encore en jeu le funeſte fantôme d'équilibre de la balance politique.

Mais il viendra un tems où ce commerce univerſel ſera épuiſé & peut-être anéanti; alors beaucoup d'Etats en Europe ſeront reſtraints à leur propre commerce intérieur, parce que chacun tâche de ſe paſſer des productions & des matieres étrangeres, & cherche à fe les procurer foi-même par l'induftrie & par le travail de fes habitans.

HEUREUX celui dont le climat & le fol du terrein fourniront en fuffifance les matieres premieres néceffaires à fes propres habitans! mais auffi un tel Etat fe fuffifant à lui-même deviendroit l'objet de la convoitife de ceux qui n'auroient pas ces avantages, & ils tâcheroient de fe procurer par la force, s'ils le pouvoient, ce qui leur manqueroit.

HÉ bien me dira-t-on, par quels moyens prétendez-vous empêcher tous ces maux?

PAR le moyen de nouvelles armes, contre lefquelles le feu du canon, celui de la moufqueterie, la pique, la bayonnete, le fabre, la cavalerie &c. deviendront inutiles dans les guerres offenfives, foit dans les batailles pour l'attaque des armées, foit dans les fiéges pour l'attaque des places: moyennant quoi toute la guerre fera réduite en une nouvelle fcience de défenfive

qui rendra l'offenſive, pour ainſi dire, impoſſible, & par conſéquent les guerres deviendront très-rares entre les Puiſſances par les
difficultés extrêmes qu'elles auront de faire
des conquêtes les unes ſur les autres, & par
la facilité qu'il y aura d'empêcher la grande
effuſion de ſang dans les batailles : ce qui o-
bligera enfin les Princes à diſcuter & à termi-
ner à l'amiable les différends qui ſurviendront
entre eux, fixera le ſyſtême politique que
l'on appelle la balance des forces des Puiſſances, & réaliſera enfin le rêve du bon Abbé
de Saint-Pierre ſur la paix perpétuelle & univerſelle. Ceci paroîtra ſans doute un être
de raiſon à bien des perſonnes; mais je n'a-
vancerai cependant rien ici que je ne puiſſe
bien prouver. Les hommes ſenſés ne ſe laiſ-
ſeront pas ſéduire par des diſcours ſpécieux,
je ne les perſuaderai que par la raiſon : mais
auſſi les hommes ſenſés ne doivent pas toujours

s'armer d'une incrédulité opiniâtre, & il n'y a que les petits génies qui prononcent d'avance sur l'impossibilité des choses qui leur paroissent extraordinaires, parce qu'ils ne les conçoivent pas.

Si l'on ne connoissoit pas les effets de la poudre à canon, par exemple, & qu'un homme vînt à la Cour montrer une poignée de cette petite graine noire, en disant qu'elle réduit les hommes & les villes en poussiere, qu'elle pousse avec violence des masses de fer & de plomb qui détruisent des bataillons entiers; les Courtisans prendroient cet homme pour un fou & lui tourneroient le dos: mais un Prince sensé examineroit la proposition & en feroit faire l'épreuve.

Je sçai que les nouveaux systêmes, quelqu'utiles qu'ils puissent être, trouvent des contradictions en tout genre; on les rejette d'abord, mais bientôt la nécessité oblige de les adopter. Tel fut, entre plusieurs exemples que je pourrois citer, l'usage de la bayonnet-te; elle fut rejettée en France, mais les François furent bientôt obligés de s'en servir, parce qu'ils se trouverent avoir affaire à des ennemis qui l'avoient adoptée. Il en sera de même un jour des armes que je propose ici, que j'ai nommées *Lyonnoises* (1). La néceffité les fera adopter par quelque Puiffance vaincue qui fe trouvera trop preffée de fon ennemi; & par une conféquence néceffaire il arrivera que toutes les Puiffances de l'univers l'adopteront.

LE s hommes ne devroient fe livrer qu'à des recherches relatives à leur bien-être, & c'eft une fatalité qu'entre les inventions militaires il y en ait peu d'utiles, & qu'entre les utiles peu

(1) Je les ai nommées *Lyonnoises* parce que c'eft à Lyon, ville de France où j'ai féjourné quelque tems, que je les ai imaginées. La Bayonnette tire fon nom de la ville de Bayonne où elle a été inventée. On peut d'ailleurs regarder les Lyonnoises comme l'artillerie des armes blanches, car elle eft à l'égard de la bayonnette ce qu'eft le canon à l'égard du fufil.

foient fuivies. L'invention de la poudre à canon n'eſt point un avantage pour l'humanité,
& il n'y a pas d'apparence que l'on voulût faire
uſage d'inventions plus meurtrieres que celles
que nous avons, quand même on en produi-
roit. Le droit des gens & le conſentement
des nations s'y oppoſeroient. Hé que gagne-
roient les Souverains à faire uſage de pareilles inventions? Ils feroient de leurs Etats des
déſerts: Ce n'eſt pas des terres qui leur manquent, mais des hommes pour les cultiver.

M. DE FONTENELLE nous a appris que Marti-
no Paoli, de Lucques, fameux Chymiſte, trouva
un ſecret qui regardoit la guerre, qu'il propoſa
à Louis XIV. en 1702. Ce ſecret devoit donner un grand avantage ſur les ennemis pendant
une campagne & avant qu'ils l'euſſent appris:
le Roi ne voulut point s'en ſervir & préféra
l'intérêt du genre-humain au ſien; mais pour

s'affurer que l'invention feroit fupprimée, il paya une penfion à l'Auteur.

M. DE FONTENELLE ajoute: „ on peut avoir „ regret que la poudre à canon n'ait pas été „ préfentée à un Prince de ce caractere." Mais Louis XIV. a-t-il réellement refufé ce fecret par humanité, lui qui en 1680. avoit foutenu & protégé avec chaleur l'invention des galiotes à bombes par Mr. Rehaud. La meilleure raifon eft, que le fecret du Sr. Paoli étoit trop meurtrier & qu'il n'étoit pas de fon intérêt de l'adopter, puifque l'ennemi auroit eu fa revanche auffi-tôt qu'il l'eût connu.

CE Traité fera divifé en quatre Parties. La premiere contiendra une differtation fur les progrès de l'Art de la guerre ancien & moderne. La feconde, une defcription de la Lyonnoife, de l'exercice, des mouvemens des corps particuliers, de ceux des armées avec cette arme,

arme, & des principes des manœuvres d'une guerre fuppofée contre les Turcs. La troi-fieme Partie traitera de la guerre défenfive, qui eſt le principal objet que j'ai eu en vue dans l'invention de la Lyonnoiſe. Et la qua-trieme Partie contiendra quelques réflexions militaires & politiques, relatives à cette in-vention qui n'a pour but que le bien & l'avan-tage de la fociété. Tout ouvrage qui n'abou-tit pas à ce point effentiel, n'eſt que menfon-ge & chimere, tels que la plupart de ceux que nous voyons paroître tous les jours, qui n'ont rien d'eſtimable que le titre, Et l'on peut di-re encore aujourd'hui ce que difoit Séneque des productions de fon tems. *Quorum fcripta clarum habent tantùm nomen, cetera exanguia funt.*

JE finirai ce difcours en avertiffant que pour bien comprendre l'utilité du fyſtême des Lyonnoiſes, il eſt néceffaire de lire avec attention la feconde & troifieme Partie d'un bout à l'autre, & d'examiner les Planches qui y ont rapport.

LES
LYONNOISES

PROTECTRICES DES ETATS SOUVERAINS

ET

CONSERVATRICES DU GENRE-HUMAIN.

PREMIERE PARTIE.

Diſſertation ſur les progrès de l'Art de la Guerre.

QUE le Créateur n'ait mis ſur la terre qu'un ſeul homme avec ſa femelle, ou qu'il l'ait d'a-bord peuplée de pluſieurs couples de différen-tes eſpeces ; blancs, noirs, gris, couleur de cuivre &c. qu'importe ? dès qu'il y eut cinq à ſix familles, ce furent autant de Sociétés particulieres, chacune ſubordonnée à la con-duite paternelle. Ces petites Sociétés ſe mul-tiplierent en une infinité d'autres, leſquelles

B 2

réunies d'affection durent vivre tranquiles dans ces premiers tems, parce qu'elles n'étoient occupées que du nécessaire physique & qu'elles avoient le moyen de le satisfaire assez abondamment. Jusques alors peu ou point de querelles: mais dès que les races humaines se furent accrues au point que chaque Société se trouva trop resserrée dans le canton qu'elle occupoit, & que les productions ne purent plus fournir à sa subsistance qu'avec peine, alors les querelles commencerent; chaque individu mit toute son application à se procurer la nourriture comme il put. Il est même à présumer que quelques-uns se battirent pour la proye, à-peu-près comme font nos chiens pour un os. Enfin la nécessité, mere de l'industrie, fit travailler l'imagination, & il y eut des chasseurs, des pêcheurs, des pasteurs & des cultivateurs. Là commence le droit de propriété sur un certain district pour la

chaffe, pour les pâturages ou fur un champ
cultivé. Sans doute beaucoup de querelles
inteftines s'éleverent alors dans chaque peu-
plade; mais ces querelles durent être peu de
chofe en comparaifon de celles qui s'éleverent
enfuite entre différentes Sociétés féparées au
fujet des limites des Cantons qu'elles habi-
toient. C'eft d'ici qu'il faut datter la premiere
guerre qui troubla les Sociétés.

On doit bien s'imaginer que les armes de
ces premiers guerriers ne furent que des pierres & des bâtons, leurs bataillons des cohues
pareilles à ces troupes de Singes que l'on voit
en Afrique & en Amérique fe charger avec de
telles armes pour fe difputer les fruits de quelques arbres. Cependant parmi ces premiers
troupeaux d'hommes guerriers, quelques-uns fe
fignalerent par leur force, leur bravoure, leur
conduite, ou leur prudence: leurs compagnons
les admirerent, leur témoignerent de la conf-

dération & se mirent sous leur conduite. Voilà l'origine de la gloire militaire & du commandement.

Tous les Arts étoient alors dans leur enfance, ou, pour mieux dire, il n'y en avoit point. Les premiers laboureurs cultiverent la terre avec un pieu, & ce même pieu effilé & durci au feu fut aussi la premiere arme. Quelque guerrier ingénieux y ajusta un os de poisson ou de quelqu'autre animal, ou bien des pierres tranchantes: mais l'invention de l'arc & des flèches nous développe déja les efforts du génie destructeur.

La découverte des métaux est sans doute l'époque du progrès des arts. Les cultivateurs eurent des bêches, des hoyaux de cuivre ou de fer, & enfin une charrue. Les guerriers eurent des piques & des tranchans des mêmes métaux. Au commencement, ces grossiers métaux durent être très-précieux aux hommes

parce qu'ils leur procurerent différens outils
pres à leur faciliter les moyens de fubfifter.
Auffi eft-ce le feul bien qu'ils en retirerent qu'il
faut placer à côté d'une infinité de maux qui
en réfulterent.

Les hommes jouiffant d'une nourriture abon-
dante & des commodités de la vie, ne tarde-
rent pas à démêler parmi les métaux ceux qui
par leur éclat, leur fineffe & leur pureté é-
toient propres à être employés à leur orne-
ment & à leur parure. Voilà le luxe & la cupidité qui naiffent.

Nous touchons au tems où les Arts & les
Sciences commencerent à exercer avec le plus
de force l'imagination des hommes, où les
mains d'œuvres s'étant multipliées & le luxe
augmenté, les peuples firent entr'eux un commerce d'échange de ce qu'ils avoient de fuperflu contre ce qui leur manquoit: mais ce commerce d'échange trop incommode fit imaginer

des signes de valeur; l'on inventa la monnoye; & quelques pièces de cuivre, d'or & d'argent furent la repréfentation des richeffes réelles. Dès cet inftant tous les vices & les maux fe répandirent fur la terre & firent des progrès étonnans. Et les Sociétés perdirent leur liber-té du moment qu'elles firent leurs chefs dépo-fitaires de leurs richeffes en leur permettant d'impofer des tributs afin de fubvenir aux dé-penfes néceffaires pour le maintien ou la dé-fenfe de l'Etat. Alors ces chefs devinrent les difpenfateurs des biens & des richeffes, fe fi-rent des créatures, devinrent les maîtres & fe regarderent bientôt au deffus des autres hom-mes. L'orgueil, l'avarice & l'ambition de con-quérir s'empara de leur cœur; ils défolerent le monde.

LA terre étant dévaftée par les brigandages de ces premiers conquérans, les Sociétés les plus foibles s'unirent enfemble pour s'oppofer à ces injuftes aggreffeurs: Mais ces différentes Sociétés que l'oppreffion avoit réunies pour leur défenfe commune, fous un feul ou quelques chefs, formerent des Etats vaftes & puisfans qui devinrent oppreffeurs à leur tour. Je placerai ici, fi l'on veut, les premiers tems des régnes ou dominations des Rois d'Affyrie, de Ninive & de Babylone que l'hiftoire nous a tranfmifes: mais l'on n'y peut établir que des conjectures, telles que celles que je viens de préfenter; & il ne faut pas avoir beaucoup de difcernement pour démêler le vrai d'avec le faux dans ce que les hiftoriens ont écrit fur les événemens qui fe font paffés fous ces règnes. Tout y eft prodige: les Elémens, les Dieux, les Diables, les Prophêtes, les Femmes, & les Prêtres, font déja des acteurs importans qui jouent chacun leur rôle fur la fcène du gouvernement & dans les armées.

NINUS eut une armée nombreufe que Diodore de Sicile fait monter à dix-sept cens mille hommes d'infanterie, deux cens mille de cavalerie & dix mille six-cens chariots armés des deux côtés de faulx tranchantes. Cette armée ravagea l'Afie depuis la Lybie jufques au fond de la Bactriane. Quoique l'on doive peu ajouter foi à ce nombre fpécifié, il y a apparence qu'il y eut dès-lors de grandes armées fur pied, & cela nous fait connoître à quel point la fureur de s'entr'égorger étoit déja parvenue. Mais l'art meurtrier étoit encore bien borné. Une partie de l'infanterie étoit armée de demi-piques, l'autre d'arcs & de flèches; la cavalerie, de dards ou efpeces de lances; & tous combattoient pêle-mêle, fans ordre ni arrangement. Il n'étoit pas encore queftion de machines pour l'attaque des villes, on les efcaladoit ou on les inveftiffoit pour les prendre par famine.

LES chariots armés de faulx tranchantes eus-

fent été des machines bien terribles fans deux
inconvéniens. Le premier étoit que le moindre embarras les arrêtoit tout court ; un ravin,
des brouffailles, & fur-tout un cheval tué ou
bleffé les rendoit inutiles. Le fecond inconvénient, quand les chevaux qui tiroient ces chariots étoient épouvantés, bleffés, ou que leur
conducteur étoit tué, ils retournoient avec
impétuofité vers leur propre armée & y cau-
foient un grand défordre.

Cyaxare, Roi des Medes, ruina Ninive &
fit de l'Empire de Ninus qui avoit duré treize
cens ans, une province de fes Etats. Ce
Cyaxare, qui fut le bisayeul maternel de Cyrus, eft le premier que nous connoiffons, qui
donna des principes & des régles pour l'arrangement des combattans : il fépara la cavalerie,
les piquiers & les archers en différens corps,
qui étant mêlés auparavant ne pouvoient combattre qu'en défordre. On voit que l'art mili-

taire n'avoit fait aucun progrès pendant treize
fiécles. Sous le régne de Cyrus, fuivant Xé-
nophon, il y eut de l'ordre, de la difcipline,
& une tactique raifonnée dans l'arrangement
des armées prêtes à combattre.   On fit ufage
de boucliers, & on inventa ou on adopta des
Indiens de nouvelles machines de guerre,
c'eft-à-dire, des tours traînées par des buffles
ou portées fur des éléphans.   Mais ces machines avoient à-peu-près les mêmes inconvéniens
que les chariots armés de faulx.   L'infanterie
ainfi que la cavalerie furent armées de cuiraffes
& de cafques d'airain, & les chevaux furent
bardés.

CYRUS qui mit fin à l'Empire de Babylone
ne régna que fept ans, fur la moitié de l'Afie.
Cambyfe qui lui fuccéda en régna huit. Darius
fils d'Hiftapes fuccéda à Cambyfe, par l'élec-
tion de fon cheval, à ce que dit Hérodote.
Ce Darius fit marcher une armée de deux cens

mille hommes fous la conduite de Datis contre
les Athéniens qui étoient fauteurs de la révolte des Ioniens. Cette armée fut battue dans la
plaine de Marathon par douze mille Grecs
fous la conduite de Miltiade.

Nous voici arrivés au tems où l'art de fe
détruire commence à être cultivé avec autant
& même plus de foin que celui de fe nourrir ;
mais c'eft que l'art de la deftruction eft infépa-
rablement lié à celui de la confervation. C'eft
ainfi que les biens & les maux font à côté les
uns des autres, & c'eft une des marques carac-
tériftiques de l'imperfection de l'efpece humaine.

Je ne retracerai pas ici ce que l'hiftoire nous
a tranfmis de la méthode de combattre des
Grecs; je ne rappellerai pas non plus les conquêtes d'Alexandre ni celles des Romains : ces
hiftoires font entre les mains de tout le monde.
Je ferai feulement quelques réflexions fur l'é-

tat militaire de ces derniers comparé avec le notre. Plusieurs Auteurs ont déja fait à-peu-près les mêmes réflexions sans que pour cela on y ait fait plus d'attention.

LES succès prodigieux qu'eurent les Romains n'étonneront perſonne quand on obſervera qu'ils étoient ſoldats par Religion, c'eſt-à-dire, par la crainte des Dieux qu'ils croyoient fermement être les protecteurs de toutes leurs entrepriſes (2). Ils étoient ſoldats par politique, par intérêt général de la ſociété & par leur intérêt particulier. Tous ces principes qui dirigeoient leurs actions, & les élevoient au deſſus des autres hommes, n'étoient jamais rallentis. Leurs guerres perpétuelles ne donnoient pas le tems à leur courage de s'amollir. Il falloit commencer par être ſoldat pour par-

***

(2) Nec numero Hiſpanos, nec robore Gallos, nec callidi-tate Pœnos, nec artibus Græcos, ſed pietate ac Religione om-nes gentes & nationes ſuperavimus. *Cicero.*

venir aux charges de la République, & tous les
citoyens étoient foldats, parce qu'ils étoient
perfuadés qu'ils parviendroient fuivant leur
mérite. Mais pour être foldat, il falloit commencer à fe préparer aux exercices relatifs à
cet état dans le Champ de Mars, car on n'é-
toit reçu qu'avec les qualités requifes.

L'honneur que les Romains fçurent infpi-
rer à leurs foldats en les affociant aux triomphes des Généraux, élevoit leur ame, la rendoit fufceptible de gloire & la préparoit aux
grandes actions. Le partage des dépouilles de
l'ennemi intéreffoit chaque foldat, parce que
leur fortune perfonnelle étoit liée à celle de
l'Etat. La République n'avoit rien à elle, fon
domaine étoit celui du peuple. Quelle différence de ces foldats avec les notres qui ne font
excités par aucun motif de fortune & ne font
que des efclaves qui ne fe trouvent nullement

difposés à prodiguer leurs vies pour acquérir
des richeffes à ceux qui leur impofent le joug,
ou pour conferver celles de l'Etat, auxquelles
ils ne participent en aucune maniere!

LES actions des hommes féparées de la fortune peuvent être comparées à des corps fans
ame; l'honneur & l'intérêt font les mobiles de
toutes les vertus humaines. Quelques motifs
peuvent bien échaufer les efprits pendant quelque tems; mais cette chaleur fe diffipe comme
la fumée. Si donc l'intrépidité ne fe foutient
que par la gloire & les récompenfes, on ne
doit pas s'étonner qu'il y ait fi peu de foldats
intrépides aujourd'hui, & s'il y en a quelqu'un
qui ait quelque intrépidité, elle n'eft fouvent
excitée que par la mifere & le défefpoir.
Quand on a dit qu'il falloit de l'opium à un
Turc, de l'eau-de-vie à un Allemand ou à un
Ruffe, de l'arrak & de la biere-forte à un Anglois

glois & du vin à un François, pour leur donner de la bravoure, on a dit la vérité (3).
Envain, par exemple, voudroit-on aujour-
d'hui intéreſſer les actions de nos ſoldats par
des motifs de Religion; ces motifs agiroient
bien difficilement ſur leur cœur; leur libertina-
ge ſe trouve en oppoſition avec eux. Il vaudroit mieux commander une armée de Maho-
métans bien diſciplinée, qu'une armée de mauvais Chrétiens; & ç'a été un bonheur pour la
Chrétienté que la conſtitution du gouvernement de l'Empire des Muſulmans ait toujours
été auſſi mauvaiſe qu'elle l'eſt, & que leurs
troupes ſoient auſſi mal diſciplinées qu'elles le
ſont.

VOYEZ les Princes Chrétiens, lorſqu'ils ſont
en guerre, adreſſer des Manifeſtes pompeux
à leurs peuples. D'un côté il s'agit du main-

(3) La Nation Hollandoiſe eſt de toutes celles de l'Europa
la ſeule qui ait une bravoure & une intrépidité de ſang-froid,
quand elle combat pour ſa patrie: ſon flegme eſt admirable.

C

tien de la Religion Catholique Apoftolique &
Romaine ; de l'autre, la Religion Evangélique
eft en danger de fa liberté. Les Prêtres Pa-
piftes, les Miniftres du S^t. Evangile s'égofil-
lent en vain dans leurs chaîres pour appuyer ces
Manifeftes. *La Tulippe* ni *Krautmann* ne s'é-
meuvent pas ; tout ignorans qu'ils font, il paroît qu'ils s'apperçoivent que dans la querelle
il s'agit bien plus des Royaumes de ce monde
que de celui du ciel.

On ne doit pas confondre ici la bravoure
qu'infpire la Religion avec cet enthoufiafme
fanatique qui a jadis défolé l'Europe ; heureufement pour l'humanité le fanatifme dans ce
fiècle éclairé n'allumera plus guere le fang
de nos militaires : il pourra bien encore caufer
des rumeurs inteftines dans quelques Etats ;
encore fouvent la Religion n'eft - elle que le
prétexte de ces rumeurs, & il vaudroit encore
mieux que tous les hommes fuffent des incré-
dules que des héros de la fuperftition.

QUAND je dis que la Religion peut inspirer de la bravoure, c'eſt que la Religion bien entendue recommande à un chacun d'être fidele à ſes devoirs & aux engagemens qu'il a contractés par ſon ſerment, les Chefs envers leurs Soldats & les Soldats envers leurs Chefs: mais aujourd'hui la fidélité & la religion du ſerment ne ſont que des chanſons: un malheureux Soldat, qui manque ſouvent du néceſſaire, ſe croit ſouvent diſpenſé d'être fidele à remplir les devoirs de ſon état pour leſquels il n'a aucun bien ni aucune récompenſe à eſpérer: car aujourd'hui ce n'eſt preſque jamais ceux qui ont mérité des récompenſes & des diſtinctions qui les obtiennent; les Soldats travaillent pour la gloire & la fortune de leurs Officiers ſans que la leur y ſoit intéreſſée; auſſi leur bravoure n'eſt-elle proprement que machinale; ils tüent ou ſe font tuer, parce que ſouvent on les force d'avancer à l'ennemi: en un mot c'eſt

la crainte qui les fait agir, non l'honneur, ni
la bravoure.

On voit par ce que je viens de dire, que l'é-
tat militaire des Romains doit être comparé
avec le notre comme le corps & l'ombre : d'ailleurs les Soldats Romains étoient des Soldats
diftingués, les notres font un affemblage de
la partie la plus vile de toutes les nations.   La
profeffion militaire qu'on dit être fondée fur
l'honneur, eft exercée par des Soldats fans honneur.   Et comme ils ne tiennent à chaque état
que par une modique paye qu'ils peuvent également trouver chez l'ennemi, leurs défertions
font fi fréquentes qu'elles minent infenfiblement les armées les plus nombreufes & épui-
fent le tréfor public.

La vertu des Romains dégénéra enfin, parce
qu'il eft dans l'ordre de la nature que tout doit
dégénérer, jufqu'à ce que tout s'anéantiffe.
Une nation pauvre, qui ne connoît que les

arts groffiers & néceffaires & qui n'a d'autre
reffource que le travail de fes bras, eft infati-
gable & invincible; les dangers & les peines
ne la rebutent pas; cette nation eft alors dans
la vigueur de fon âge: mais fes travaux continuels lui procurent l'abondance & les riches-
fes; l'abondance & les richeffes invitent au repos, à la pareffe, au luxe, à la molleffe qui en-
gendrent la mifere. Voilà la vieilleffe des nations. Une nation qui fe trouve dans la vigueur
de fon âge, c'eft-à-dire, dans la pauvreté, pro-
fitant de la caducité de la nation riche, la ren-
verfe, lui donne le coup de la mort & s'em-
pare de fes richeffes. Telle fut la chute de
l'Empire Romain énervé, que les nations barbares terrafferent façilement. Celles du Nord
fonderent en Europe fur une partie de ce vafte
Empire la plupart des Etats qui y exiftent aujourd'hui, & ces Etats ne fubfifteront vraifem-
blablement qu'autant qu'ils conferveront leur

peu de vigueur chancelante & qui commence
déja à s'affoiblir beaucoup. Les nations qui s'é-
tablirent fur les débris de l'Empire Romain en
Europe refterent enfévelies dans la plus profonde ignorance pendant dix fiècles, même Rome
& l'Italie. Le livre précieux de l'Evangile entre les mains des Prêtres avares, menteurs &
ignorans, femblable à la tête de Médufe, avoit
prétrifié les efprits. Le feul effort de génie qui
foit digne de remarque pendant ce grand nombre d'annéés eft l'invention du Chapelet ou
Rofaire, pour dire géométriquement le *Pater-
nofter* & *l'Ave-Maria*; & fi l'Europe eft fortie
de la craffe ignorance dans laquelle elle croupis-
foit depuis fi longtems, elle en a l'obligation à
la Réformation. La devife de Genève, *poft
tenebras lux*, devroit être auffi celle des autres nations.

L'ANNÉE 1380 eft l'époque mémorable de
la révolution que caufa dans toute la conftitu-

tion militaire l'usage de la poudre à canon.
Le hazard, & non l'art, la fit découvrir à un
Chymiste Allemand nommé Schwartz, qui en
vendit le secret aux Vénitiens. Mais il paroît
que Roger Bacon avoit eu connoissance de
cette composition longtems avant Schwartz.
Quoi qu'il en soit, ce fut au siége de la Chiog-
gia que les Vénitiens firent cette même année,
dans une guerre qu'ils avoient contre les Génois,
que cette funeste graine porta la mort dans
le flanc des hommes pour la premiere fois. Les
Vénitiens tirerent peu d'avantage de leur secret
qui se répandit bientôt dans toute l'Europe.
Chaque Etat, chaque ville eut son artillerie,
mais une artillerie singuliere. Des pièces de
bois de chêne perforées & reliées avec des cer-
cles de fer chassés de force tout près les uns des
autres furent les premiers canons : des pierres
arrondies furent les premiers boulets. Cette
artillerie dans les commencemens n'étoit desti-

née qu'à enfoncer les portes des villes & des châteaux, à abattre les créneaux des murailles ; mais bientôt les inconvéniens dangereux qui réfulterent de l'ufage de ces ridicules pièces qui s'enflammoient & crevoient facilement, en firent imaginer de métal. On commença par en fondre de fer, enfuite de bronze, mais fans autre régle ni proportion que la fantaifie. Le premier Prince qui eut une centaine de ces pièces en bronze fut regardé comme riche & formidable, mais on fe fervit encore long-tems de boulets de pierre.

Au fiége de Conftatinople en 1453, le Sultan Mahomet fit fondre des canons d'une fi prodigieufe groffeur, qu'il falloit deux cens cinquante buffles & deux mille pionniers pour en traîner une. Trois de ces pièces qui portoient chacune deux cens livres de boulet renverferent les murailles de cette ville & avec elle l'Empire des Romains-Grecs.

IL n'étoit pas encore queſtion de petites armes à feu, on ſe ſervoit toujours de l'arc & de la flèche ; & ce ne fut que quelques années après, qu'on fit uſage de fauconneaux, d'arquebuſes à croc & à rouet, de gros mouſquets, de petards &c.

PIETRO di Navarra, Ingénieur Génois, fit les premieres mines au ſiége de Sarazanella, mais qui ne réuſſirent pas. Quelque tems après il en fit d'autres qui réuſſirent mieux en faiſant ſauter les murailles du château de l'Oeuf, un des Forts de la ville de Naples.

ON ſe ſervoit de la poudre encore très-maladroitement dans ce ſiècle. L'infanterie ſe mêloit toujours pour ſe charger à l'arme blanche. La pique, l'épée à deux mains, l'arbalête furent les inſtrumens meurtriers dont on fit le plus d'uſage dans les batailles, & l'on portoit encore l'armure complette défenſive ſous les régnes de Charles-Quint & de François I. Une

douzaine ou deux de pièces de canon, braquées
fur une éminence au centre de l'armée, fou-
droyoient l'ennemi, & c'étoit ordinairement
le prélude du combat; mais dès qu'on en étoit
venu à la mêlée, ces batteries devenoient presque toujours inutiles.   Les malheureux Américains font ceux à qui la poudre à canon fut
la plus funeste alors.

JE me hâte de venir au fiècle de Louis
XIV. Le régne de ce Monarque est une grande époque pour la postérité; un historien cé-
lèbre nous a crayonné le tableau de ce fiècle.
La fcène du théâtre politique de l'Europe
change entiérement.   Les décorations gothi-
ques, les acteurs ignorans, bouffons, difpa-
roiffent; le Dieu des Arts & des Sciences paroît dans toute fa gloire; mille temples fuper-
bes lui font élevés; tous les génies s'empres-
fent à l'envi de lui offrir leurs hommages; &
parmi ces génies, celui de la guerre, vomis-

fant le feu, dégoutant de fang, fe diftingua
fur - tout.

AVANT l'ufage de la poudre à canon, il y
avoit très-peu de villes & de châteaux dont les
murailles fuffent terraffées; la hauteur & l'é-
paiffeur de ces murs décidoient de la bonté de
la place. Les tours, les créneaux, les meurtrieres &c. étoient autant de lignes de défenfe, occupées par des baliftes, des arbalêtes,
& dans les premiers tems de l'ufage de la poudre à canon, par des fauconneaux, des arquebufes, de gros moufquets. Mais lorfqu'on
employa le gros canon un peu plus fréquem-
ment, & fur - tout lorfqu'on fit ufage des boulets de fer, on s'apperçut bientôt que de fimples murailles ne pouvoient réfifter à leurs
coups. On éleva des remparts : ces premiers
remparts ne confiftoient d'abord qu'en une fimple enceinte, flanquée de petits baftions ronds
ou quarrés avec quelque redoute en avant.

DEPUIS la mine qu'on fit fauter à Naples,

il ne paroît pas dans l'hiftoire que depuis le régne de Charles-Quint jufques à celui de Louis
XIV. on ait fait beaucoup de progrès dans
cette partie, puifque les mines ont prefque
toujours été employées fans beaucoup de fuccès pendant tout ce tems-là.

COEHORN, De Ville, Vauban, Pagani, &
quelques autres font les plus habiles & les plus
célèbres architectes de la fortification moderne. Ces Meffieurs font nos maîtres & nous
fervent de modeles; mais nous les copions &
les imitons un peu trop fervilement dans leur
méthode de fortifier. On devroit en écarter
bien des colifichets inutiles & fimplifier leurs
fyftêmes. Les fortereffes, qui ont été élevées
fous la direction de Mr. de Vauban ou de fes
difciples imitateurs, ont couté des fommes immenfes, & elles coutent encore beaucoup an-
nuellement pour les entretenir; prefque toutes
ces places font revêtues de gros quartiers de
pierres de taille & renferment une infinité de

logemens souterrains en maçonnerie. N'auroit-il pas mieux valu que la France couvrît
ses frontieres d'une triple chaîne, même qua-
druple, de forteresses en simple terrasse suivant
la méthode de Coehorn. Cela n'auroit pas couté
la moitié & auroit été plus utile. Quand on
a dit que le placage & le gazonnage des Places terrassées coutent beaucoup d'entretien,
on n'a pas dit la vérité. Cela peut arriver
quelquefois pendant les deux ou trois premieres années, lorsque les terres font légeres &
sablonneuses; mais dès qu'elles font une fois
affaissées & consolidées, l'entretien n'est plus
rien. On a beau dire que ces forteresses peuvent être insultées facilement en hyver; on
fait rarement des siéges pendant cette saison.
Une bonne discipline, des chefs actifs & vi-
gilans n'auront rien à craindre des surprises:
sans cela, la Place la plus importante & qui
aura couté des millions à fortifier, courra les
mêmes risques.

LE but qu'on se propose en élevant des forteresses sur les frontieres est d'empêcher l'ennemi de pénétrer dans l'intérieur du pays, de
lui faire perdre du tems, du monde & des tré-
sors en l'obligeant de faire des siéges.   Or
il en perdroit bien davantage pour faire les
siéges de trois forteresses, telles à-peu-près
que sont celles de là Flandre-Hollandoise, que
pour faire celui de la mauvaise place de Givet,
Charlemont, ou telle autre qu'on voudra, qui
a plus couté à construire que quatre forteresses
d'une égale étendue, mais simplement terrassées. Mézieres, Rocroi, Charleroi, Mau-
beuge, Arras, Condé, Ath, &c. Neuf-Bri-
sach, Schelestat, Befort, Huningue &c. au-
róient été toutes aussi bonnes qu'elles le sont
sans être revêtues, & les François auroient
pu élever une multitude d'autres Forts à peu
de frais jusques dans l'intérieur du Royaume :
car leurs Places frontieres une fois enlevées,
l'ennemi peut aller jusques à Paris, Lyon, &

pourroit traverſer toute la France ſans que rien l'arrêtât: & cela ſeroit peut-être arrivé ſi les François avoient perdu l'affaire de Denain, ou celle de Fontenoi.

DES Places telles que celles de Lille, Metz, Strasbourg &c. ſont des monſtres de fortification; il faut des armées pour les défendre & des magazins à proportion de cette immenſe garniſon; ſans quoi tous les tréſors qui ont été employés à les fortifier ſont perdus; & s'il eſt vrai qu'il en coute beaucoup à l'ennemi pour faire le ſiége d'une telle Place, il en coute bien davantage pour la défendre, & ſouvent l'on s'en rend maître auſſi facilement que d'une bicoque. Quiconque aura fait les campagnes en obſervateur, ſe ſera bien apperçu que la plupart des événemens à la guerre dépendent moins des combinaiſons que l'on aura faites, que de la fortune; mais les hommes ſont ſi portés à ſe flatter, qu'ils regardent comme un triomphe de leur mérite ce qu'ils ne doivent qu'au hazard; leur vanité s'applaudit chaque fois qu'ils réuffiffent en quelque chofe, quoique la prudence n'ait aucune part à cette réuffite.

JE le répete, plus on oblige l'ennemi à faire de fiéges & par conféquent à traîner après lui cette quantité de groffe artillerie & de munitions de toute efpece néceffaires à ce fujet, moins fes progrès feront rapides, & plus on aura de tems & d'occafions pour faire de bonnes difpofitions pour tomber fur lui une bonne fois à la fin d'une campagne lorfque fes armées fe feront ruinées & fatiguées par des fiéges.

J'ENTENS dire à quelqu'un qu'il ne faut jamais refter fur la défenfive, mais toujours agir offenfivement, comme fi à chaque inftant les événemens à la guerre ne changeoient pas l'offenfive en défenfive.

Il ne fuffifoit pas d'avoir des principes &
des régles pour la conftruction des forterefſes,
il en falloit encore pour les défendre & pour
les attaquer. Mais fi l'art d'attaquer a fait
beaucoup plus de progrès que celui de défendre, la raiſon en eſt toute fimple. L'affiégeant dans ſes opérations fçait toujours à-peu-
près de quelle maniere l'affiégé le contrequar-
rera, il ſe précautionne en conféquence & s'y
prend de tant de manieres qu'à la fin il décon-
certe l'affiégé, qui n'a que quelques routines à
lui oppofer, & defquelles il ne peut s'écarter
que très-difficilement, parce que ſes combi-
naifons ayant été faites en conféquence, il ſe
trouve déſorienté quand l'affiégeant agit d'une
maniere à laquelle il ne s'attendoit pas. Auffi
il arrive ſouvent que nos Places ſon défendues
machinalement & par routine; il n'eſt presque plus queſtion de les défendre juſques à la
derniere extrémité, mais de tenir bon ſeule-

D

ment pendant quelques femaines. Le Commandant le plus brave & qui reçoit le plus d'honneur eft celui qui fe défend un peu plus longtems. J'ai vu des Commandans de Places dont
les magazins regorgeoient de munitions de
bouches & de guerre, qui, s'ils l'euffent ofé,
auroient aidé l'ennemi à faire plus tôt la brèche
afin de pouvoir fe rendre plus vîte avec *décence*, avec ce qu'on appelle les honneurs de la
guerre, & fous prétexte d'empêcher quelques
centaines d'hommes d'être faits prifonniers de
guerre. En vérité les honneurs militaires aujourd'hui fe réduifent à bien peu de chofe
& coutent bien des millions qui ont été employés à élever ces forterefses fi honorable-
ment inutiles.

UN des points principaux de l'affiégeant
eft de s'attacher à ruiner les défenfes de la Place; il a l'avantage de pouvoir établir, dans fes
paralleles, fes batteries à fa fantaifie & en

plus grand nombre que l'affiégé, dont l'attention eft de les contrebattre avec fupériorité; mais rarement il y réuffit quand l'affiégeant eft abondamment pourvu d'artillerie & de munitions.

UNE autre attention de l'affiégé eft de tâcher d'enfiler les tranchées; mais toute tranchée qui eft fufceptible d'être enfilée, a été dirigée par des Ingénieurs ignorans : ce qui n'arrive malheureufement que trop fouvent, mais plus rarement parmi les Ingénieurs Françoʃis dont le corps eft affurément mieux compoʃé qu'aucun autre de quelque Puiffance que ce foit; & même chez quelques-unes il eft fi avili qu'un habile homme fe feroit de la peine d'y entrer; enforte qu'on y reçoit quiconque s'y préfente, pourvu qu'il fache feulement barbouiller un plan & cracher quelques termes de fortification. Cependant les qualités que doit avoir un bon Ingénieur font infinies, &

fi la nature ne les lui a pas données d'avance, il
ne les acquerra que très-difficilement par l'étude
de la théorie & par la pratique, deux chofes
qui ne font que rectifier les idées, mais qui ne
les donnent pas. Il faut non feulement qu'un
bon Ingénieur foit brave, mais intrépide, afin
qu'il conferve fon jugement & fon bon fens
dans les plus grands périls auxquels il eft con-
tinuellement expofé dans l'attaque ou la défenfe d'une Place. Il faut qu'il foit prudent, a-
fin de ne pas trop expofer les Soldats aux
coups de l'ennemi. Il doit fçavoir les Mathé-
matiques, c'eft-à-dire, la Planimétrie, les
Calculs différentiels & ceux de tous les différens toifés, l'Architecture civile & militaire,
la Phyfique, l'Hydraulique, la Pyrotechnie,
la Méchanique, la Statique. Il faut qu'il fache affez de Maçonnerie, de Charpenterie,
de Menuiferie, de Maréchallerie &c. afin qu'il
puiffe juger de la bonté des ouvrages que

les ouvriers font fous fon infpection. Enfin quand même un Ingénieur auroit toutes ces qualités acquifes, s'il n'a pas d'ame, s'il n'a pas l'esprit d'invention, il ne feroit encore qu'un Ingénieur médiocre. De là on peut juger s'il eft fi facile d'avoir de bons & d'habiles Ingénieurs.

Les travaux fouterrains de l'affiégeant peuvent partir de plufieurs points & fe réunir à celui ou ceux des ouvrages que l'on veut faire fauter : mais fi les galleries de l'affiégé font furveillées avec foin & que le mineur fans cesfe aux écoutes, croife par des rameaux pouffés avec intelligence dans le terrein fufceptible d'être miné, les mineurs affiégeans feront défolés & n'avanceront pas beaucoup.

Quand les foffés de la Place font remplis d'eau, l'affiégé a beaucoup plus de tranquilité du côté du mineur, & l'affiégeant fait les comblemens des foffés plus difficilement; mais ausfi l'affiégé a le défavantage de ne pouvoir pas

réattaquer les ouvrages extérieurs dont l'assiégeant s'est emparé. Les sorties de l'assiégé
ont pour but de ruiner les travaux de l'assiégeant, de combler ses tranchées & d'enclouer
ses batteries ; mais à moins d'une garnison
un peu nombreuse ces sorties réussissent rarement. Une foible garnison qui fera des sorties
fréquentes, où elle perd ordinairement bien
du monde, se trouvera réduite en peu de
jours à l'impossibilité de pouvoir garnir ses ouvrages & par conséquent d'y soutenir les at-
taques réitérées de l'assiégeant. On dit que les
premieres bombes furent jettées en 1688. sur
la ville de Wachtendonck en Gueldre, assiégée
par le Comte de Mansfelt, mais l'art de les jet-
ter n'a été perfectionné que sous le régne de
Louis XIV. & même depuis.

Le jet des bombes, des carcasses, des obus,
des grenades, est d'une plus grande utilité à l'assiégeant qu'à l'assiégé. Le but du premier est

de détruire & de mettre le feu aux magazins de la Place, & il y réuſſira toujours, ſi ces magazins ne ſont pas à l'abri du feu. L'aſ-ſiégé en jettant des bombes, des grenades & des pierres, a pour objet d'inquiéter les tran-chées & les logemens de l'aſſiégeant, mais dix mille bombes jettées de la ville ne lui tueront pas ſix cens hommes. A dire le vrai, l'ar-ticle des bombes eſt d'une dépenſe conſi-dérable, d'un grand embarras à tranſporter, & ſouvent l'on n'en retire que l'inutile & o-dieux avantage d'avoir ruiné quelques édifices.

L'ASSIÉGEANT ayant enfin fait une brè-che au corps de la Place., praticable pour qua-rante à cinquante hommes de front, ſe pré-pare à y donner l'aſſaut ; mais il a rarement cette peine, & la Place eſt à lui dès cet in-ſtant. Le Commandant de cette Place n'a ſeulement pas penſé à faire faire des coupures ni des retranchemens derriere cette brèche ;

parce que fa garnifon ne foutiendroit pas derriere ce retranchement l'attaque impétueufe de
plufieurs colonnes qui fe fuccedent les unes
aux autres. (Je prie mon Lecteur de faire
attention à ceci & de fe le rappeller dans la
fuite.)

L'ASSAUT de Berg-op-zoom en 1747. où je
me fuis trouvé, eft une preuve de ce que je dis:
cependant une armée entiere défendoit cette
Place. Hé pourquoi cela? C'eft que quand
les Soldats attaquent & marchent à l'ennemi a-
vec célérité, que les têtes des premieres colonnes fuivies par d'autres qui les preffent, ne
peuvent reculer, mais au contraire les obligent
d'avancer à grands pas; alors le fang du Soldat s'échauffe & cet échauffement diffipe la
crainte & le danger. Il n'en eft pas de même
de ceux qui fe tiennent tranquilement derriere un retranchement & y attendent l'ennemi,
avec des armes peu propres à leur défenfe;

leur fang fe glace & leurs membres deviennent
perclus de peur. Il eft vrai qu'une Légion
Romaine dans une Place afliégée foutenoit plufieurs affauts: mais j'ai fait voir ci-devant la
différence qu'il y avoit des Soldats Romains
aux notres. La valeur des Romains leur étoit
naturelle & de fang-froid; celle de nos Soldats animée par un fang échauffé n'eft que mo-
mentanée, la moindre chofe la ralentit & la
fait enfin dégénérer en une extrême poltrone-
rie, quand même le Soldat auroit une bou-
teille d'eau-de-vie dans l'eftomac; car pour
peu que l'action dure, la peur diffipera bientôt les fumées de la liqueur.

Le fiége de Candie, où fe firent les premieres paralleles, eft non feulement un des
plus mémorables qui fe foient faits dans le
fiècle de Louis XIV., mais encore dans toute
l'antiquité. Quelle belle défenfe! Que de travaux & de conftance de la part des afliégés &

D 5

des affiégeans! Mais à quoi doit-on attribuer les actions prodigieufes qui fe font faites pendant la durée de ce fiége? A l'enthoufiafme de la Religion; enthoufiafme expirant à la vérité, mais qui ne laiffe pas de faire connoître dans fon agonie ce dont il étoit capable dans fa vigueur, lorfqu'il étoit nourri par le fanatifme & la fuperftition. A ce fiége fameux, les Prêtres & les Moines conduifoient eux-mêmes les Soldats fur la brèche & les accompagnoient dans toutes les actions les plus périlleufes. Par leurs pathétiques exhortations ils portoient ces Soldats jufqu'à méprifer la mort; ils envifageoient les explofions des mines comme autant de nuages céleftes qui les enlevoient tout droit dans la béatitude éternelle.

LES cerveaux des Turcs font prefque toujours ébranlés par de faintes exhortations; les principes de leur Religion font les principaux foutiens de leur Empire: mais ces Soldats Mufulmans, heureufement pour les Chrétiens, font sans discipline, & les Généraux qui les conduisent, dans la plus parfaite ignorance de l'art militaire.

Les Chrétiens aujourd'hui ne connoissent plus guere ce que c'est qu'enthousiasme de la Religion; il n'inspire plus même la bravoure aux troupes qui ont affaire aux Turcs; si elles les battent, c'est qu'elles sont mieux conduites & mieux exercées, mais moins braves peut-être.

Il est encore un autre enthousiasme que l'on appelle amour de la patrie, qui joint à ce point d'honneur que nous faisons si grand dans nos discours, mais qui est si petit dans nos actions, font encore un peu d'illusion à quelque demi-héros. Hélas! notre état militaire qui paroît si brillant aux yeux troubles du vulgaire ignorant, paroît bien différent à un observateur clairvoyant.

On a vu combien l'assiégeant avoit d'avantage fur l'affiégé ; mais cela n'empêche pas qu'un ennemi qui eft obligé de faire beaucoup de fiéges ne fe ruine à la fin. En effet, rien ne rebute & n'abîme plus les armées que les fiéges. Quelques heures en une journée décident ordinairement d'une bataille; mais tous les jours & toutes le nuits de la durée d'un fiége font autant de combats continuels.

L'ARTILLERIE & l'art de s'en fervir ont été perfectionnés de nos jours; mais on l'a fi prodigieufement augmentée, que fi cela continue on donnera bientôt une pièce de canon à chaque compagnie. Qu'en réfulteroit-il? plus de meurtre & de carnage, plus de dépenfe & d'embarras. Si les deux armées belligérantes ont également une nombreufe artillerie, qu'elles s'appliquent à bien fervir, elles n'auront à cet égard aucun avantage l'une fur l'autre, & fe tueront réciproquement beaucoup de monde; le vainqueur aura peut-être tué un millier

d'hommes de plus au vaincu, & lui aura enlevé une douzaine ou deux de ses pièces: dé-
pouille qui lui aura couté bien cher, à moins
qu'il ne croye être bien dédommagé par cette
fumée qu'on appelle gloire. Cependant aujourd'hui les Souverains de l'Europe se sont
mis sur un si grand pied de guerre, qu'ils s'ob-
servent l'un l'autre avec grande méfiance, en
sorte que si l'un augmente son artillerie, l'autre se croit obligé d'en faire autant, & de fil
en éguille, si on augmentoit toujours, on ne
se battroit plus qu'à coups de canon. Venons à la Tactique.

L'histoire de Polibe nous a amplement
instruits de la méthode de combattre des Grecs
& des Romains. La Phalange des Grecs rangée sur une grande profondeur, armée de
longues piques, étoit destinée à agir tout
d'une pièce afin d'enfoncer tout ce qui se
présentoit devant elle. La Légion des Ro-

mains divisée & subdivisée en plusieurs petits corps contigus les uns aux autres & espacés comme les cazes d'un Echiquier, armée de javelots, d'épées & de boucliers, étoit destinée à agir successivement, à en venir aux mains & à se mêler avec l'ennemi. L'escrime, ou combat d'homme à homme, ne pouvoit convenir qu'à des Soldats d'une extrême valeur & aussi rigides observateurs de la discipline militaire que l'étoient les Romains. Aussi Polibe nous a-t-il fait toucher au doigt l'avantage de la méthode de combattre des Romains sur celle des Grecs; mais depuis l'invention des armes à feu, ces deux méthodes seroient impraticables, du moins celle des Grecs: ces masses d'hommes marchant à pas de tortue seroient bientôt dissipées par notre artillerie. Mais s'il étoit possible que des Légions composées d'hommes aussi braves que l'étoient les premiers Romains, eussent affaire avec nos

bataillons armés de fufils & de bayonnettes,
je crois que la tuerie deviendroit bientôt inutile & que la déroute de cés bataillons s'en-
fuivroit bientôt. J'ai vu des troupes irrégulieres de l'Impératrice Reine de Hongrie méprifer un feu très-vif, & le fabre à la main
tomber fur des bataillons, qui étoient même
couverts de haye & de brouffailles, & les hâ-
cher en pièces. Quelle différence cependant
de ces troupes à ce qu'étoient celles des Romains! Mais cés petits exemples particuliers
n'influeront en rien fur la méthode générale;
& puifqu'on a pris la routine de fe charger a-
vec les armes à feu, on s'y tiendra jufqu'à ce
qu'une révolution dans l'art militaire ait fait
changer de méthode.

Sous le régne de Louis XIII. & au commencement de celui de Louis XIV., l'infanterie étoit encore armée de piques; les piquiers étoient entremêlés avec les moufque-

taires. Le mousquet étoit un gros fusil que
l'on appuyoit sur un bâton à fourchette pour
tirer; une mêche tenue par un ressort allu-
moit la poudre du bassinet. On peut juger
par-là ce que devoit être le feu de la mous-
queterie de ces tems-là en comparaison de
celui du notre.

ON fabriqua ensuite des armes plus légeres, les carabines, les mousquetons, les fusils: alors les piquiers devinrent inutiles parce qu'on ne s'approchoit plus que rarement
dans les combats où l'on ne faisoit que tirailler.

ON inventa la bayonnette: cette arme dans
son commencement n'étoit qu'un poignard
avec un manche rond de calibre au canon du
fusil; mais quand cette bayonnette étoit dans
le canon, il falloit l'ôter pour faire feu & recharger; cette sujétion étoit considérable pendant l'action, par la crainte où l'on étoit que
les fusils étant dépourvus de leur bayonnette,

l'en

l'ennemi ne profitât de ce moment pour charger avec les fiennes & avec des pelotons de
cavalerie qui fuivoient ordinairement les bataillons. Enfin on imagina les bayonnettes à
douille, telles que celles dont nous nous fer-
vons aujourd'hui. Alors le feu de la moufqueterie devint fans doute plus vif; mais il étoit
encore bien éloigné de la vivacité de celui
des Pruffiens. Des efcadrons de cavalerie pouvoient charger impunément de front des bataillons d'infanterie, qui étoient rangés fur
huit, fix, & quelquefois quatre hommes de
hauteur. Des fufils très-foibles de quatre pieds
de longueur avec des bayonnettes de douze
pouces, n'avoient pas remplacé les piques,
auparavant fi redoutables à la cavalerie, & le
feu de la moufqueterie n'étoit pas encore affez
vif pour la contenir.

Tout militaire connoît le Syftême du
Chevalier Folard qui auroit voulu renouveller

E

les colonnes & les piques. Folard avoit raifon alors, parce qu'il n'étoit pas éclairé par la lumiere & la rapidité foudroyante du feu que l'on fait aujourd'hui. Si de fon tems le feu de l'artillerie & celui de la moufqueterie eût été auffi vif qu'il l'eft actuellement, Folard n'auroit jamais donné fon Syftéme méthodique des colonnes.

La méthode de combattre de notre cavalerie differe peu de celle des Romains. Ils chargeoient par efcadrons en front de bandieres afin de culbuter celle de l'ennemi; mais la mêlée chez eux duroit plus longtems que chez nous, parce qu'alors on étoit plus brave. Le fabre & la demi-pique étoient leurs armes; notre cavalerie n'a plus que l'épée, car je compte pour peu de chofe le moufqueton & les piftolets. Mais toute la cavalerie de l'Europe eft fur le même pied: ainfi l'avantage ou le défavantage qui peut réfulter en ne fe chargeant qu'avec l'épée, eft à-peu-près égal. Mais je doute que de deux efcadrons qui prendroient carriere pour fe charger, l'un armé de bonnes lances bien fortes, l'autre avec des épées feulement, je doute fort, dis-je, que celui qui n'auroit que des épées pût réfifter au choc de celui qui auroit des lances.

La cavalerie des Nations qui envahirent l'Europe à la décadence de l'Empire Romain, fut la principale force de leurs armées; & depuis le régne de Charlemagne jufqu'à celui de Henri IV. on ne voit dans l'hiftoire que de fréquens combats de cavalerie. L'infanterie étoit alors méprifée; elle n'étoit compofée que de la plus vile populace qu'on nommoit Valets ou Vilains. Les cavaliers, ainfi que leurs chevaux, couverts de fer depuis la tête jufques aux pieds, pouvoient s'efcrimer des journées entieres fans fe faire beaucoup de mal; le plus robufte l'emportoit quelquefois en culbutant fon adverfaire: mais cet accou-

trement feroit bien incommode aujourd'hui;
notre cavalerie eft, pour ainfi dire, en che-
mife; chaque cavalier a une calotte ou une
croix de fer fur le chapeau avec un plaftron
ou demi-cuiraffe, encore nos cavaliers font-ils
trop foibles pour pouvoir fupporter longtems
cette armure. Nous avons beaucoup plus de
cavalerie légere que n'en avoient nos prédé-
cefleurs: elle eft d'un grand avantage pour les
menus fervices de l'armée, pour harceler l'ennemi dans une marche ou dans une déroute;
mais auffi, il faut l'avouer, les défordres,
les pillages & les brigandages affreux que ces
troupes commettent dans tous les pays, font
les plus grands maux que reffentent de la
guerre les peuples des Puiffances belligérantes.

AVANT les régnes de François I. & de
Charles-Quint on raffembloit pour la guerre
des troupes de Gentilshommes, de Bourgeois & de Payfans, par des convocations

qu'on appelloit Ban & Arriere-ban. François I. fut le premier qui commença à tenir fur un pied fixe, des corps de troupes plus nombreux que n'avoient fait fes prédéceffeurs. Charles-Quint s'efforça de le furpaffer: ces deux Princes fe firent une guerre continuelle; mais la difcipline de leurs troupes étoit encore bien barbare, ou, pour mieux dire, il n'y en avoit pas. C'eft ici l'époque de cette rivalité entre les Maifons de France & d'Autriche qui a caufé tant de maux, & c'eft à cette époque qu'un vieux Prêtre, Souverain de Rome, commença à naziller pour la premiere fois, *Balance politique des Puiffances de l'Europe.*

Mon but n'eft affurément pas de tranfcrire ici l'hiftoire des guerres qui fe font faites entre ces Princes, ni d'en rapporter les motifs; quels que foient ces motifs, on doit être affuré que la Religion n'en a été que le prétexte, & qu'il n'y a eu réellement que l'ambition &

l'intérêt de ces deux Monarques qui les ayent fomentées; & ces guerres ont enfin été caufe que peu à peu la conftitution de tous les Etats de l'Europe eft devenue totalement militaire.

S1 Charles-Quint n'eût pas rencontré en François I. un rival puiffant & redoutable, il eft hors de doute qu'il auroit établi dans fa Maifon la Monarchie univerfelle, à laquelle on dit qu'il afpiroit, & qui auroit rendu tous les autres Souverains de l'Europe les vaffaux & les très-humbles ferviteurs du Monarque univerfel.

FRANÇOIS étoit moins puiffant que Charles, mais le fils aîné de l'Eglife Chrétienne, de l'aveu de fa très-fainte Mere, appella le Sultan *fon frere:* ainfi l'alliance de François I. avec Soliman eft le premier contrepoids confidérable, qui, s'il ne fit pas pancher la balance, la tint du moins en équilibre.

LES vaſtes Etats de Charles-Quint partagés, & ſa Maiſon diviſée en deux branches, la Monarchie univerſelle s'évanouit, malgré les projets ambitieux du noir & atrabilaire Philippe II. qui continua à déſoler l'Europe par ſon affreuſe politique & ſa tyrannie ſuperſtitieuſe, laquelle fit révolter ſes Sujets des Pays-Bas, lui fit perdre la moitié de ces belles provinces, & réduiſit l'Eſpagne dans la plus grande pauvreté. La ſcience militaire ſous les régnes de ce Philippe, de Charles IX., de Henri IV., & de Louis XIII. étoit aſſez bien cultivée pour ces tems-là; mais les Princes Maurice & Fréderic-Henri de Naſſau-Orange, Stathouders des Provinces-Unies, furent ceux qui commencerent à la cultiver avec plus de ſoin; leur école fit de grands Généraux, & la diſcipline de bons ſoldats. En un mot les Hollandois ſervirent pendant quelque tems de modeles aux autres Puiſſances de l'Europe

E 4

dans l'art de la guerre fur terre & fur mer.
Revenons au fiècle de Louis XIV.

LES premieres guerres que fit ce Prince
n'allarmerent pas beaucoup l'Europe: mais fa
vanité & l'affeΩation impérieufe avec laquelle
il voulut primer fur les autres Souverains, lui
attirerent leur inimitié & fur-tout leur méfiance par les armées nombreufes qu'il avoit mi-
fes fur un pied fixe & permanent, toutes com-
pofées de Soldats bien difciplinés & bien entretenus: une quantité prodigieufe de fortereffes élevées fur fes frontieres, regorgeant
d'artillerie, de munitions de guerre & de bouche; le Royaume d'Efpagne, fi fort & fi robufte autrefois, tombé dans l'épuifement &
n'étant plus qu'un vrai fquelette: tout cela fit
que les autres Puiffances de l'Europe fe forti-
fierent à l'envi & fe mirent en tems de paix
fur un grand pied de guerre. (4).

(4) Je ne parlerai point ici de la Marine; je me propofe
de traiter cette partie dans un Ouvrage particulier; & fi un

LA conquête que fit Louis XIV. de la Franche-Comté & d'une partie des Pays-Bas, fut le premier levain qui fomenta les autres guerres qui fe fuccéderent & fe répandirent dans les quatre parties du Monde. Le Palatinat du Rhin réduit en cendres; la ruine prefque entiere de la Hollande; la querelle d'un Roi précipité de fon trône par fes Sujets qu'il vouloit rendre efclaves de fon fanatifme; la fuccesfion de l'Efpagne, toutes ces chofes ont été traitées dans l'hiftoire & ne doivent, pas avoir place ici.

OUTRE cette fermentation générale des Puiffances de l'Europe, il y en avoit encore une particuliere dans l'Empire d'Allemagne. Les fuccefleurs de Charles-Quint dans cette belle partie de l'Europe étoient encore très-puisfans & faifoient craindre aux différens Princes

jour l'on eft réduit, comme je l'efpere, à ne pouvoir plus fe battre que fur mer, j'ai des raifons pour croire que les guerres maritimes cefferoient bientôt aufli.

E 5

qui compofent l'union de l'Empire Germanique, pour leurs libertés & leurs priviléges:
c'eft ce qui les engagea auffi à fe mettre fur
un grand pied de guerre.

MAIS c'eft du régne de Fréderic-Guillaume
II. Roi de Pruffe, que le nouvel état militaire
en Allemagne fait époque; je dis du régne &
non fous le régne, parce que ce Prince lui-
même, fecondé du Prince d'Anhalt-Deffaw,
l'un des grands militaires de ce tems-là, mit
fur pied la plus belle armée d'infanterie qui ait
été depuis les Romains. L'efpece des hommes fut choifie; robuftes & grands, ils furent
armés de fufils longs & forts, avec leur bayonnette d'un pied & demi. On retrancha dans leur
habillement cette amplure & ces longs plis très-
incommodes dans les marches, & ils eurent
des jufte-au-corps qui ne paffoient pas le milieu des cuiffes. Cela parut d'abord ridicule
aux ignorans; mais ils auroient dû réfléchir

qu'un fiécle auparavant, l'habillement de presque toutes les nations de l'Europe étoit encore
bien plus court, puifqu'il ne confiftoit qu'en
un pourpoint à l'Efpagnole, qui ne venoit
qu'au bas de la hanche. Une nouvelle mode
Françoife fit difparoître l'Efpagnole. Enfuite
eft venue la mode Pruffienne pour l'habillement militaire, laquelle eft un milieu entre les
deux premieres, & fans contredit la meilleure.

On commença à dénouer les Soldats par un
nouveau mouvement des armes & à leur donner cette bonne grace & cette agilité qui leur
eft néceffaire pour pouvoir s'en fervir & les
recharger avec cette vîteffe furprenante qui
a fait l'admiration de toute l'Europe & que
toute l'Europe a tâché d'imiter depuis. Les
bataillons furent rangés fur trois rangs de hauteur; moyennant quoi on profita fur l'étendue du front de tout le feu, par des décharges générales, par divifions ou par pelotons.

D e p u i s que les armées n'en venoient plus
aux coups de main , toute l'attention s'étoit
portée du côté des décharges des armes à feu.
Chaque bataillon eut encore une pièce d'artillerie de campagne dont les décharges furent
auffi méthodiquement précipitées que celles de
la moufqueterie. On porta une attention fcrupuleufe à faire marcher les corps de troupes
avec vîteffe, mais d'un pas égal & alongé,
enforte que toutes ces jambes fembloient être
mues par un feul & même reffort; ces différens corps dans la précifion de leurs mouvemens paroiffoient n'en faire qu'un feul.

L e Roi fit auffi une extrême attention au
maintien du bon ordre & de la difcipline
de fes troupes ; fes occupations militaires lui
avoient fait contracter cette rigidité fans laquelle il eft impoffible de maintenir les Soldats
dans leur devoir & de leur faire exécuter les
régles qui leur ont été prefcrites.

D'HABILES militaires, ou qui paſſoient pour tels, ont prétendu qu'il étoit dangereux de faire combattre les troupes ſur trois rangs de hauteur contre un Ennemi qui le feroit ſur quatre ou ſur ſix, & qu'une ligne ſi mince ne pourroit réſiſter à des corps de cavalerie qui viendroient la charger. On pourroit répondre à ces obſervations qu'un corps de troupes rangé ſur un ordre profond ne peut profiter que du feu de ſes trois premiers rangs, que ceux qui ſuivent ſont inutiles, puiſque l'ennemi à qui il a affaire & qui ſera diſpoſé ſur trois de hauteur, ne l'attendra pas au choc; il le détruira par ſon feu de retraite à meſure qu'il avancera ſur lui; & il faut obſerver que cette deſtruction ſera d'autant plus grande que les files ſeront plus profondes, car un boulet ou des cartouches qui n'emporteroient qu'une file de trois hommes en emporteront une de huit, ſi la ligne eſt rangée ſur huit de hauteur.

SANS doute que des troupes difposées fur une ligne de trois files n'auroient pas beau jeu fi elles n'étoient pas exercées à faire feu avec autant de rapidité que les Pruffiennes.

IL ne faut pas s'imaginer que c'eft avec la bayonnette que l'infanterie tient le plus en refpeft la cavalerie; c'eft avec le feu; & aujourd'hui toute troupe d'infanterie menacée d'une troupe de cavalerie, fi elle fe dégarnit un inftant de fon feu, eft perdue: des bataillons rangés fur une plus grande profondeur n'y remédieroient pas, au contraire le défordre en feroit plus grand.

DANS les combats les grands dangers font fur les flancs; la cavalerie, ou tout autre corps qui les couvre, une fois rompue, le défordre fuit bientôt. Quelquefois on fe tire d'affaire en fe repliant; mais l'ordre une fois embrouillé, on ne doit plus guere compter que fur les hazards & les circonftances, des-

quelles il est bien rare qu'on puisse profiter
avec avantage, car alors la tête tourne. Il
semble que cet inconvénient ait frappé tout
habile chef d'armée, car nous voyons aujour-
d'hui peu de batailles rangées dans des plaines
isolées; elles font presque toutes des affaires
de postes: on saisit les situations les plus avan-
tageuses au feu, & l'on tâche autant que l'on
peut de rompre la carrière à la cavalerie par
différens obstacles, ravins, hauteurs, bois,
marais, villages, redoutes &c.

La belle armée de Fréderic-Guillaume fit
déja connoître sous le régne de ce Prince, par
quelques faits d'armes, ce dont elle étoit capable: mais il étoit réservé à Fréderic son fils
& son successeur de perfectionner & d'augmenter ce que son pere n'avoit fait qu'ébau-
cher, & d'avoir la plus belle & la meilleure
armée de toute l'Europe. La mort du dernier
des Princes de la Race Autrichienne fut une

occafion pour Fréderic de faire valoir fes prétentions fur la Siléfie qu'il foumit par fix victoires, & cette Province lui fut enfin affurée par un Traité folemnel. Mais, comme j'ai déja dit, les Traités faits entre les Princes ne durent qu'autant de tems qu'il leur en faut pour fe remettre en état de recommencer la guerre; en effet elle recommença en 1756. C'eft ici que commence la fcène fanglante où les armées Pruffiennes, guidées par le courage de Fréderic, répéterent ces actes héroï-tragiques qui étonnerent l'Europe & humilierent cinq des plus grandes Puiffances qui s'étoient liguées contre la Pruffe.

FIN DE LA PREMIERE PARTIE.

LES
LYONNOISES
PROTECTRICES DES ETATS SOUVERAINS
E T
CONSERVATRICES DU GENRE-HUMAIN.

SECONDE PARTIE.

De la construction & de la proportion de l'Arme appellée Lyonnoise. De la méthode de la manœuvrer. Du nombre des Lyonnoises dont chaque Bataillon devra être pourvu. Ordre de combat pour un Bataillon; pour une Brigade. Principes généraux des ordres de bataille. Manœuvres & Evolutions des armées dans une guerre supposée contre les Turcs. Des Campemens.

Il étoit nécessaire que je misse devant les yeux de mon Lecteur le tableau précédent,

F

afin qu'il pût mieux comparer les différentes méthodes de faire la guerre des Anciens & des Modernes, avec celles que je vais lui présenter.

Si des yeux plus clairvoyans que les miens pouvoient rencontrer ici quelques erreurs, je recevrai leurs objections comme je le dois, c'eft-à-dire, avec toute la décence & tous les égards convenables. Mais si quelques bavards ignorans se mettoient en fraix de m'obferver par de sottes critiques, je les méprifierois & n'y ferois pas plus d'attention qu'un paffant n'en fait aux aboyemens d'un petit chien. Ce n'eft ni la vanité ni la préfomption qui me font parler ainfi; mais l'on ne fçauroit trop méprifer les bavardifes de ces plats déclamateurs, qui toujours tournent en mal les meilleures intentions, & retardent fouvent les progrès du bien (5).

(5) Le Syftême des Lyonnoifes a déja été examiné fous le fceau du fecret par quelques grands Princes, ainfi que par de

COMMENÇONS ici par récapituler les armes dont fe font fervis les guerriers de la premiere & de la moyenne Antiquité, ainfi que celles qui font en ufage actuellement.

LEURS armes de jet furent les pierres, les pieux ou javelots, l'arc, l'arbalête. La cata-pulte & la balifte étoient leur artillerie.

LEURS armes de main furent le bâton, la pique, la lance, le fabre, l'épée, le poignard, la maffue, la hache.

LES chariots armés de faulx & les éléphans furent, pour ainfi dire, leur artillerie de cam-pagne, & les béliers celle des fiéges.

LES Anciens avançoient auffi des galleries fouterraines & faifoient une mine fous les fon-demens de la muraille, qu'ils foutenoient avec des poutres. On rempliffoit la chambre de la mine de matieres combuftibles auxquelles on

très-habiles Généraux, lefquels n'ont pû trouver aucune ob-jection à lui oppofer.

F 2

mettoit le feu, & les poutres qui foutenoient la muraille, étant confumées, elle s'écrouloit & faifoit brèche.

LEURS armes défenfives furent les targes, les boucliers d'airain, de bois, de cuir crud ou fec, de fer &c., & ce que nous appellons armures complettes de pied en cap, tant pour les chevaux que pour les hommes, foit de fer ou de cuir bouilli.

LES armes en ufage dans les derniers fiècles furent à-peu-près les mêmes, excepté les chariots armés de faulx, & les éléphans chez les Européens; lefquels eurent en outre, depuis l'ufage de la poudre, des arquebufes à croc, des moufquets de rampart, des fauconneaux, des piftolets de ceinture, des petards & des canons de toutes fortes de calibres, fans proportions & fous différens noms.

LES armes de trait & de jet des Modernes, font le canon de différens calibres, les mor-

Pl. I.

Lyonnoise.

Largeur 6 pieds

Longueur totale 16 pieds

Diametre de la Roue 5 pieds

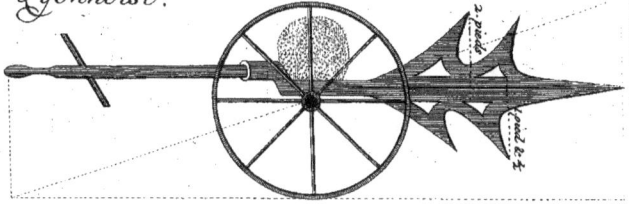

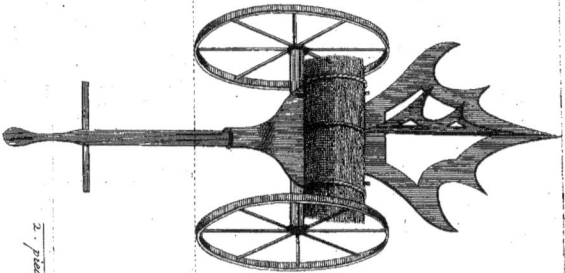

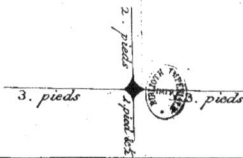

3. pieds

2. pieds

1 pied & &

3 pieds

tiers à bombes & à pierres, les obus, les grenades, les moufquets de rampart, le fufil avec fa bayonnette, le fabre, l'épée, le coutelas, l'esponton & la hallebarde, des efpeces d'armes défenfives immobiles qui font les chevaux de frife & les chauffe - trapes. Les autres armes défenfives font le plaftron ou demi-cuiraffe, la cuiraffe entiere, la calotte & la croix de fer pour la cavalerie. L'infanterie n'en a point.

L'ARME qui fait l'objet de cet Ouvrage, & que j'ai nommée *Lyonnoife*, ne reffemble à aucune de toutes celles ci - deffus fpécifiées: elle réunit elle feule les qualités offenfive & défenfive, fixe & ambulante; & quiconque oferoit en approcher au moment de l'action feroit perdu, fût-il armé de toutes pièces. (Voyez la Planche I.)

L'ESSIEU eft une barre de fer de fix pieds de roi de longueur fur 18 lignes d'épaiffeur. Pl. I. Les deux bouts de cette barre font arrondis

F 3

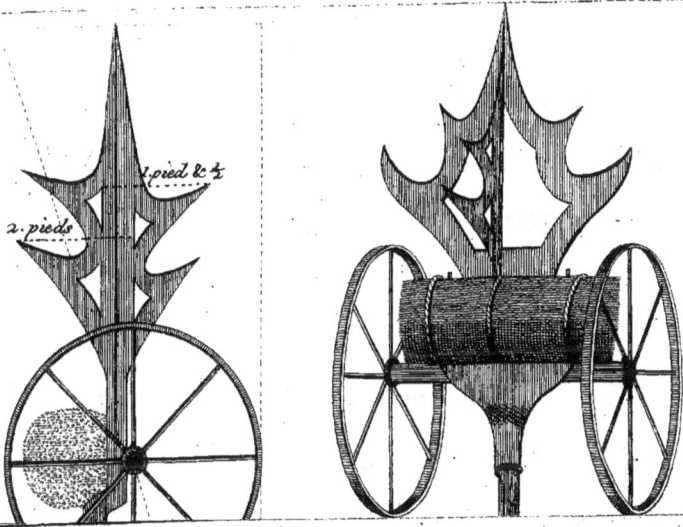

Pexo. 8.

2. pied & ¼

2. pieds

de trois pouces de long, pour entrer dans les moyeux des roues: ainſi l'eſſieu a cinq pieds ſix pouces entre les deux roues.

CHAQUE roue eſt compoſée d'un cercle de fer de cinq pieds de diametre, de dix-huit lignes de largeur ſur deux lignes d'épaiſſeur.

LES rais ont deux lignes d'épaiſſeur au milieu, en diminuant des deux côtés en chamfrein, comme la lame d'une épée tranchante d'un pouce de largeur; les tranchans doivent être de haut en bas, c'eſt-à-dire, vers le ciel & la terre.

DEUX écroues ſoutiennent les roues à l'eſ-ſieu, ſur lequel eſt établie une arme dont le fer a dix pieds de longueur & ſix pieds de largeur en avant, cinq pieds entre les deux roues, deux pieds en deſſus, & un pied & demi en deſſous; ce qui forme un croiſier ou bonnet de Prêtre; ſon épaiſſeur eſt d'une ligne ſeulement; le tout bien affilé & bien tranchant.

La douille qui doit être forte, eft recour-
bée en haut d'un demi-pied: elle a un manche de bois de fix pieds de longueur, & de
deux pouces de groffeur; au bout de ce manche eft une traverfe de bois, de trois pieds
de longueur fur un pouce de groffeur.

La longueur totale de l'Arme eft de feize
pieds, fa largeur de fix pieds, & fa hauteur
de trois pieds & demi; mais lorfqu'elle eft po-
fée fur fon train, fa hauteur eft de cinq pieds,
qui font le diametre de chaque roue.

Sur l'effieu, entre les deux roues, eft pofé
un fauciffon de feuille de rofeau qui croît
dans les marais ou au bord des étangs, de
quatre pieds dix pouces de longueur fur deux
pieds de diametre: Ce fauciffon doit être bien
ferré par de bons liens, & affuré à l'effieu par
deux piquets de fer. L'effieu eft percé en deux
endroits à cet effet. (Voyez la Planche I.)

L'Arme devra être bronzée à l'huile: un

bourlet de cuir bouilli en couvrira les pointes
& le tranchant, afin que les Soldats ne fe blef-
fent pas dans les manœuvres d'excercices, &
dans les marches de nuit. On ne la découvrira
en tems de guerre que quand on fera à portée
de l'ennemi.

SA pefanteur totale eft d'environ quatre-
vingts livres; mais deux hommes peuvent très-
facilement la pouffer en avant & la tirer en
arriere fur toute forte de terrein. Dans les
marches il n'eft pas néceffaire de la pouffer
en avant, on la tire alors en arriere, & c'eft
ce que pourroient faire deux enfans. On ne
devra la pouffer en avant que quand on fera à
la portée du fufil de l'ennemi. Le Soldat de la
droite, en la pouffant, tient la barre de la
main droite & le manche avec la main gauche
en arriere; le Soldat de la gauche tient la
barre de la main gauche & le manche avec
la main droite en arriere. Ils peuvent avec
cette arme marcher au petit pas, au grand pas,

courir, se retirer en arriere, & repousser par vibrations, c'est-à-dire, pousser en avant, & retirer en arriere avec précipitation, comme on faisoit jadis avec le bélier; enfin tourner l'arme de droite & de gauche sur le pivot de ses deux roues & faire avec elle toutes les conversions nécessaires: on en a fait l'épreuve. Il ne faut pas être grand géometre pour voir combien est grande la force répulsive de cette machine.

TELLE est la construction de la Lyonnoise. Elle coutera environ dix-huit florins d'Allemagne ou dix-huit écus de France. L'entretien, comme on voit, n'en sera pas dispendieux, & la manœuvre en est simple & facile.

CHAQUE bataillon de mille & huit hommes devra être pourvu de cent vingt-six Lyonnoises; un bataillon sera de six compagnies, chacune de cent soixante-huit hommes; chaque compagnie sera divisée en vingt & une

escouades de huit hommes; il y aura une Lyonnoise par escouade; deux Soldats seront destinés à la manœuvrer, & les six autres à faire
feu derriere elle.   On voit que ces huit hommes y seront à couvert des balles de la mous-
queterie & des cartouches; & quoique ceci ne
soit qu'un des moindres avantages qui résultent
du Systême des Loynnoises, avec quelle confiance les Soldats n'agiront-ils pas sous sa protection, & avec quelle tranquilité d'ame n'en-
visageront-ils pas le feu & tous les mouvemens de l'ennemi ? Aujourd'hui la meilleure
méthode est de ranger les bataillons en ligne
sur trois hommes de file ; mais un bataillon
armé de Lyonnoises ne devra être rangé que
sur deux hommes de file; on le peut faire
très-hardiment, sans craindre d'en diminuer
la force; car quel est le corps de cavalerie, &
quelle est la colonne, fût-elle de cent files de
profondeur, qui pourroit y résister ? Ainsi un

bataillon de mille & huit hommes rangé en
ligne fur deux hommes de file, occupera huit
cens quatre-vingt-deux pieds de front, parce
qu'on devra toujours laiffer un pied d'inter- Pl. II.
valle entre chaque Lyonnoife; au lieu qu'un Fig. 1.
bataillon rangé en ligne fur trois hommes de
file fuivant la méthode ufitée aujourd'hui,
n'occupe que cinq cens quatre pieds de front,
ce qui fait prefque la moitié de différence.

ON voit du premier coup d'œil combien
cette méthode eft avantageufe; tout le front
du bataillon profite de fon feu avec aifance;
il eft tranquile & en fureté. Il n'eft pas néceffaire que le premier rang fe mette à genoux
pour faire feu. Mais ce qu'il y a encore d'a-
vantageux en ceci, c'eft que les Lyonnoifes
réglent la marche avec ordre; le flottement
ne fait rien ici, & il importeroit très peu
qu'une Lyonnoife fût plus avancée de deux à
trois pieds qu'une autre; mais cela arrivera

rarement, parce qu'elles fe réglent les unes fur les autres pour la marche, à laquelle les Soldats qui les manœuvrent auront été exercés, foit à la marche lente, au demi-pas, au grand pas, foit au trot & même à la courfe. Mais je répete encore une fois que les bataillons, dans les marches & au commencement d'une action, traîneront les Lyonnoifes en arriere & ne feront les mouvemens nécessaires pour les mettre en front de la bataille, qu'à la portée du fufil & au moment que l'on fera prêt à fondre fur l'ennemi: ainfi que je l'obferverai plus amplement ci-après. Car que les Lyonnoifes fuffent devant ou derriere les bataillons dans un certain éloignement de l'ennemi, cela eft égal, parce que les Soldats fçavent que dans un clin d'œil ils feront à couvert par ce formidable retranchement ambulant, & que marchant avec célérité fur la ligne ennemie, ils l'extermineroient fi elle

ofoit les attendre. Sans doute que les boulets de la groffe artillerie de l'ennemi brife-
ront quelques Lyonnoifes, ainfi qu'ils tueront
des Soldats, cela eft inévitable; mais dès que
les bataillons commenceront à avancer à grands
pas leurs Lyonnoifes en front, l'ennemi, eût-
il dix mille pièces de canon, les abandonnera
bientôt pour s'enfuir à toutes jambes.

LES Turcs font les feuls contre qui je voudrois qu'on fît ufage de ces machines dans
une guerre offenfive, moins en haine de leur
Secte que parce qu'ils font des Conquérans
féroces, cruels, avares & deftructeurs. Deux
motifs me font faire ce fouhait: le premier,
c'eft que toutes les Puiffances de l'Europe feroient inftruites par pratique des effets prodigieux de ces armes & pourroient en faire fa-
briquer pour leurs troupes. Mais le fecond
motif, qui eft le plus puiffant & le feul qui

ait agi fur mon ame, ne fe développera qu'à la troifieme Partie de cet Ouvrage.

JE vais commencer par traiter de l'art de détruire; enfuite je viendrai à celui de conferver, ou, pour mieux dire, de rendre nul celui de la deftruction.

LA Légion chez les Romains étoit un corps permanent, plus ou moins nombreux fuivant les circonftances. L'inftitution d'un pareil corps avoit des avantages confidérables; chaque membre qui le compofoit n'étoit en honneur qu'en raifon de celui du corps dont il étoit membre. Une Légion feule pouvoit entreprendre de grandes chofes. Ce que nous appellons *efprit de corps* l'animoit au point qu'elle feule auroit affronté une armée entiere. Nous n'avons rien de pareil; quelques-uns de nos Régimens ont bien cette réputation de bravoure qui les diftingue; mais un Régiment de deux mille hommes eft trop foible pour entreprendre de grandes chofes. Nous avons formé avec deux ou trois Régimens ce que nous appellons une Brigade; mais ces Brigades ne font pas des corps permanens. De nos jours on a donné le nom pompeux de Légion à des corps de troupes-légeres irrégulieres & vagabondes; on s'eſt fans doute imaginé que ce nom rendroit ces corps plus braves & plus redoutables, mais on s'eſt bien trompé. Laiſſons-là les mots, ils ne fignifient rien, & venons aux chofes. *Brigade* eſt tout auſſi bien dite aujourd'hui, que *Légion* du tems des Romains.

ON devroit donc former le corps en Brigades fixes & permanentes. Chaque Brigade feroit compofée de fix bataillons, lefquels ne feroient jamais féparés à la guerre, même lorſqu'on enverroit des détachemens particuliers: on les prendroit par compagnies, & jamais un bataillon entier ne feroit détaché de fa bri-

gade. Chaque Brigade feroit numérotée &
auroit un chef nommé Brigadier-général, qui
feroit l'équivalent du grade de Lieutenant-
général; car de nos jours les premiers grades
militaires font fi multipliés que, fi cela continue, on les avilira. Sous ce Brigadier-général
il y auroit deux Majors-généraux & fix Colo-
nels-commandans, c'eft-à-dire, un par chaque
bataillon, qui feroient tous fubordonnés au
Brigadier-général. En outre il devroit y a-
voir fix cens hommes de cavalerie légere, infé-
parables de chaque Brigade, fi ce n'eft quand
on enverroit des détachemens à la guerre. Le
Meftre-de-Camp de cette cavalerie dépendroit
auffi du Brigadier-général.

EN adoptant le fyftême des Lyonnoifes, il
ne devra plus être queftion de cuiraffiers ou
groffe cavalerie; elle deviendra abfolument
inutile, ainfi qu'on le verra ci-après. Il fuf-
fira d'avoir quelques efcadrons de cavalerie
légere

Moitié d'un Bataillon rangé en ordre de Bataille.

Moitié d'une Brigade rangée en ordre de Bataille.

Page 51.

0 1 2 3 4 5 6 7 8 9 10

légere pour les menus services de l'armée,
pour harceler l'ennemi dans les marches ou
dans une déroute. Ainsi chaque Brigade sera
de six mille six-cens quarante-huit hommes.
Les six cens Dragons ou Huffards, comme on
voudra les nommer, peu importe, feront
toujours rangés par pelotons derriere la ligne
d'Infanterie à une certaine distance.

UNE Brigade en bataille avec ses Lyonnoises aura cinq mille deux-cens quatre-vingt-
douze pieds d'étendue; au lieu qu'elle n'en
auroit que trois mille suivant la méthode
usitée. Les pièces d'artillerie des bataillons
serviront de visions entre eux. (Voyez la Pl.
II. Fig. 2.) Pl. II. Fig. 2.

LES Bataillons peuvent avec les Lyonnoises faire toutes les conversions de droite &
de gauche & les déployemens quelconques,
même avec plus de précision & de justesse
que s'ils n'en avoient point, car les Lyonnoi-

ses leur font des guides qui servent à les régler, & j'ai déja dit que le flottement, quand
même il y en auroît, ne feroit rien ici. Chaque bataillon pourra défiler en colonne fur
une, deux, trois, fix &c. Lyonnoifes de
front, & fe mettre dans l'inftant en ligne par
des converfions de droite & de gauche, foit
en avant, foit en arriere, ou de quelque côté

Pl. III. qu'on jugera à propos. (Voyez la Planche III.)
Le Bataillon marche en une colonne de vingt &
un rangs, chacun de fix efcouades ou Lyonnoifes de front: cette colonne fe partage en deux,
de la tête à la queue, par deux quarts de converfion de droite & de gauche, par chaque
rang, c'eft-à-dire, trois efcouades à droite &
trois à gauche: alors le bataillon forme deux
lignes paralleles dos à dos, lefquelles chacune
par un quart de converfion, l'une fur la droite,
l'autre fur la gauche, fe mettent en ligne ou

Pl. III.

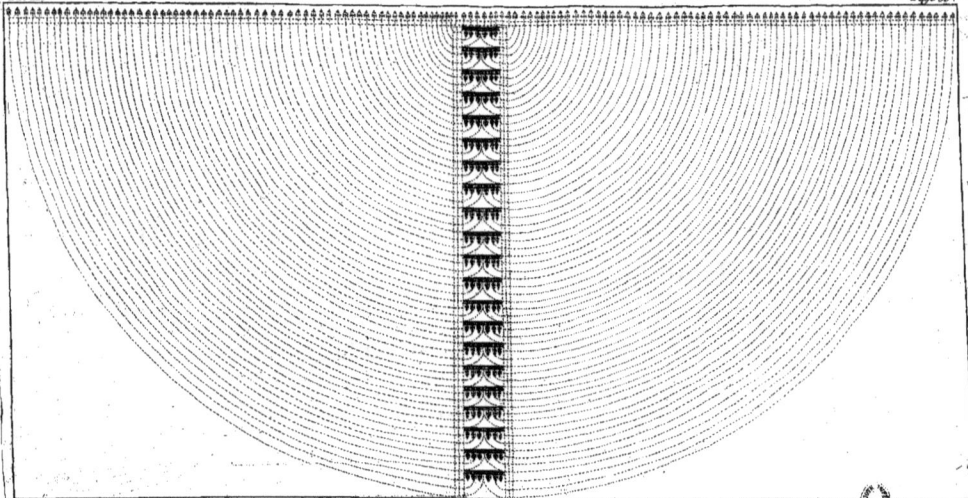

Pl. IV. Page 99.

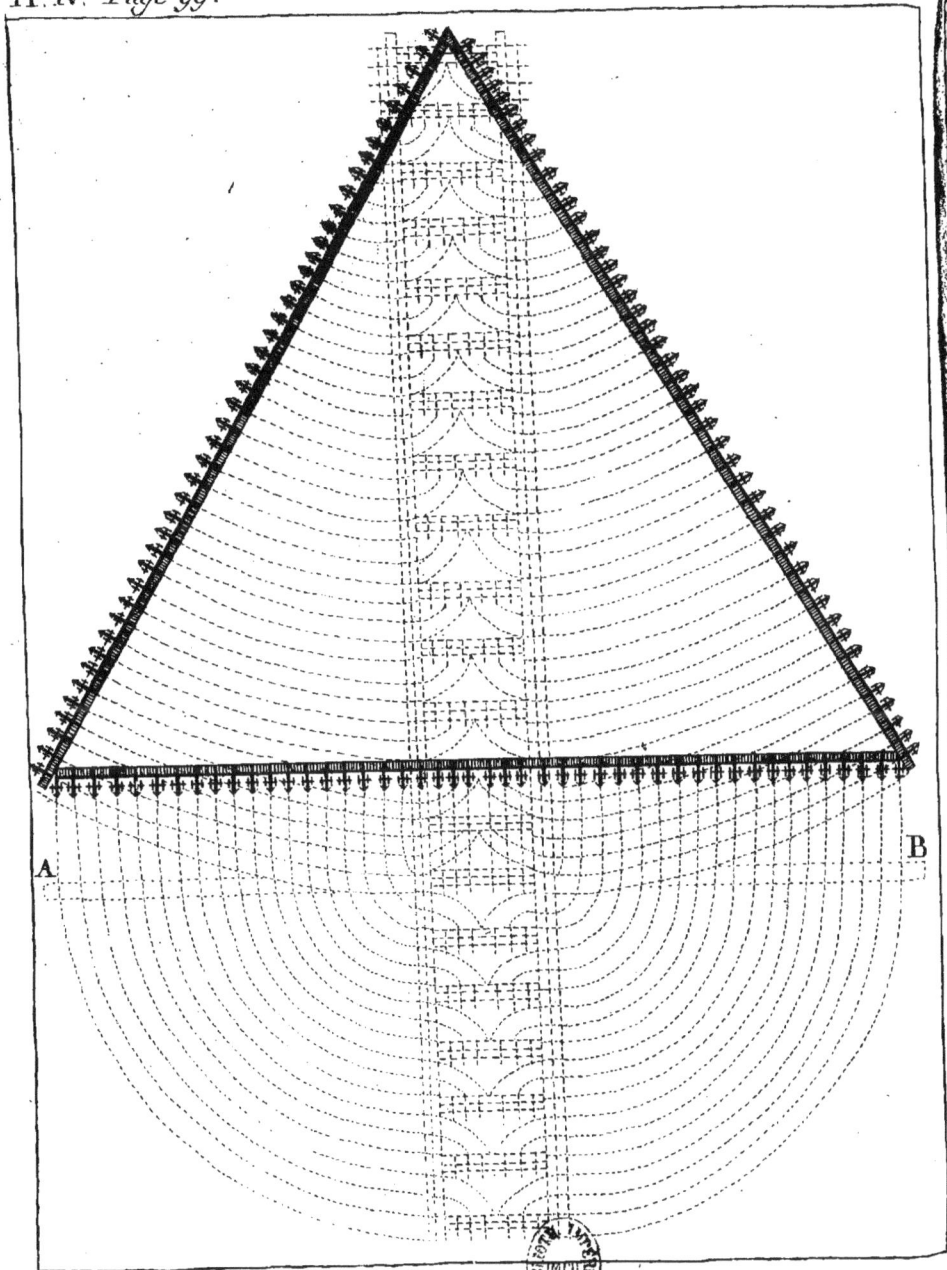

A

B

front de bandiere. On voit que cette manœuvre eſt ſimple & ſans aucun embarras.

Dans le ſyſtême des Lyonnoiſes le triangle & non le quarré ſera l'ordre ordinaire
ſur lequel les bataillons combattront. Un bataillon, marchant en colonne comme ci-deſ-
ſus, doit former le triangle. (Voyez la Pl. Pl. IV.
IV.) Pour cet effet les quatorze premiers
rangs font halte; les ſept derniers font
chacun par le milieu un quart de converſion,
la moitié à droite & l'autre à gauche, en tirant les Lyonnoiſes derriere eux; enſuite par
un autre quart de converſion ils ſe mettent en
ligne A. B. Alors ces deux lignes des quatorze premiers rangs s'ouvrent comme un com-
pas pendant que la tête ſoutient. Chaque face
du triangle eſt de quarante-deux Lyonnoiſes
ou eſcouades & par conſéquent de deux cens
quatre-vingt-quatorze pieds, en laiſſant tou-

G 2

jours un pied de diſtance entre chaque Lyonnoiſe.

LE triangle pour ſe mettre en front de
bandiere ne fait qué deux mouvemens; l'angle du front ſoutient & ne bouge, c'eſt le pivot: la face d'arriere ſe rompt par le milieu
pour ſe mettre en lignes paralleles D. E. avec
les deux autres faces: chaque moitié par un
tiers de converſion ſe met en ligne F. G.
Cette même ligne pour ſe remettre en trian-
Planche gle fera les mêmes mouvemens rétrogrades.
V. (Voyez la Pl. V.)

LE Bataillon marchant en ligne ſe forme en
triangle d'un ſeul mouvement, en tirant les
Lyonnoiſes en arriere. Les deux compagnies
du centre ne bougent. Les deux de la droite
Planche & ceux de la gauche font un tiers de conver-
VI. ſion en avant. (Voyez la Pl. VI). Pour ſe remettre en ligne ils feront les mêmes mouvemens rétrogrades.

Pl. V . *Page 200*

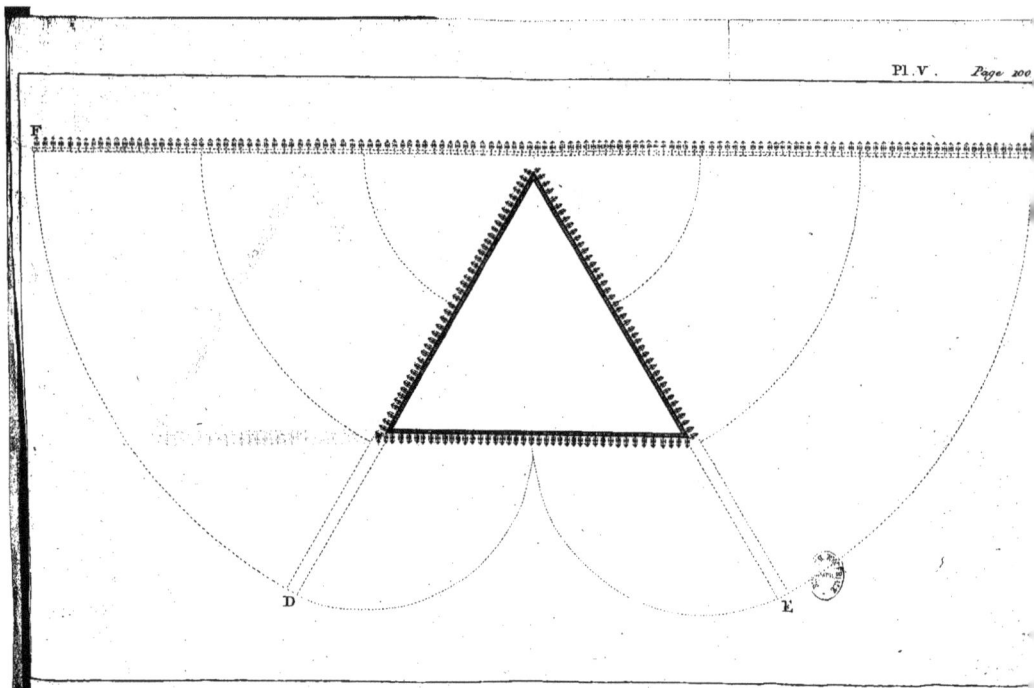

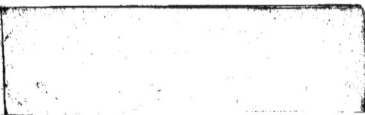

Pl. VI.

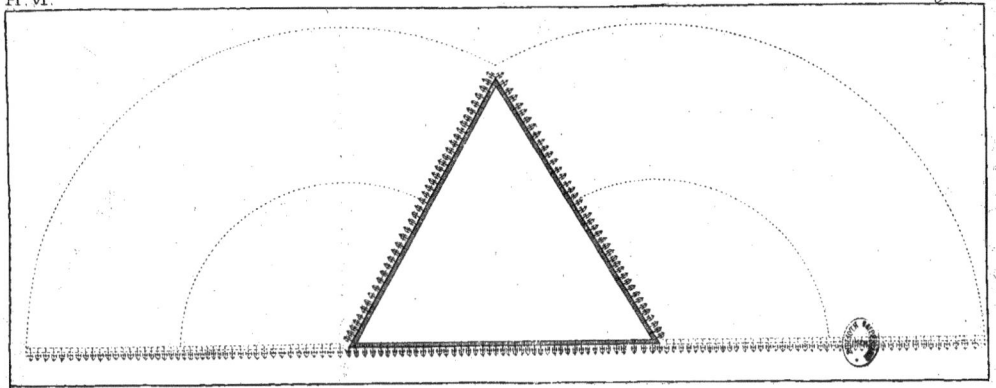

Pl. VII.

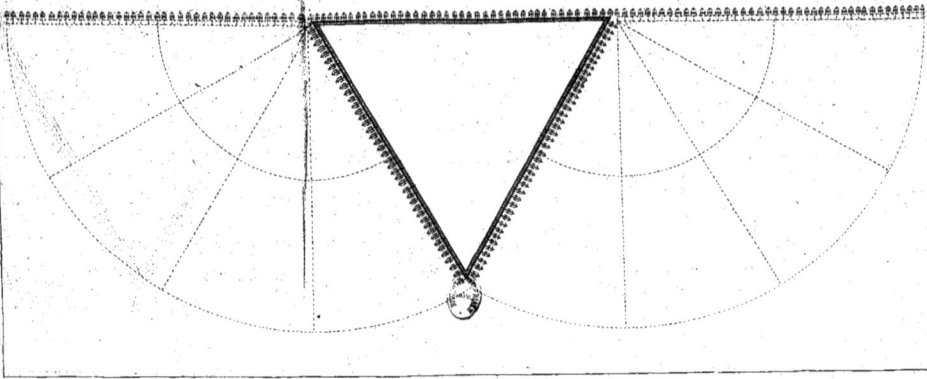

LE Bataillon marche en ligne pouſſant ſes Lyonnoiſes en avant, & forme le triangle d'un ſeul mouvement ; les deux compagnies du centre ne bougent; celles de la droite & cel- Pl. VII. les de la gauche font un tiers de converſion en arriere. (Voyez. la Pl. VII.)

ON voit qu'en formant le triangle, les pointes des Lyonnoiſes ſont perpendiculaires aux lignes des faces, & que ce triangle ne pourroit ſe mouvoir ſans que les trois faces ſe ſéparaſſent les unes des autres. Mais il faut que ces bataillons triangulaires puiſſent ſe mouvoir & marcher en tout ſens, de pointe & de face, ſoit pour pouſſer en avant ou ſe re- tirer en arriere, ſans ſe deſunir ni ſe rompre. Pour cet effet, quand le triangle eſt formé, les Lyonnoiſes qui compoſent les deux faces du triangle qui forment l'angle du front par lequel on doit marcher, y préſentent leurs pointes chacune par un demi-quart de conversion à droite pour la face de la droite,

Pl. VIII. & à gauche pour la face de la gauche.
(Voyez la Pl. VIII.)

LES pointes des Lyonnoifes de la face gauche A. font perpendiculaires à fa ligne. Celles de la face droite B. ont déja fait leur mouvement, chacune par un demi-quart de converfion. (Voyez C. D.) La Lyonnoife No. 1, forme la moitié de l'angle du front par lequel on doit marcher. La roue gauche de la Lyonnoife No. 2. eft à un pied de diftance parallele & en arrière de la roue No. 1. La roue gauche de la Lyonnoife No. 3, eft à un pied de diftance parallele & en arriere de la roue No. 2. Il en eft de même des Nos. 4. 5. 6, 7. 8. 9. 10. 11. &c.

LE flanc de l'efcouade des huit hommes attachés à la Lyonnoife No. 1. eft couvert par la Lyonnoife No. 2. Le flanc de l'efcouade de la Lyonnoife No. 2 eft couvert par la Lyonnoife No. 3. Ainfi des autres.

Pl. VIII.

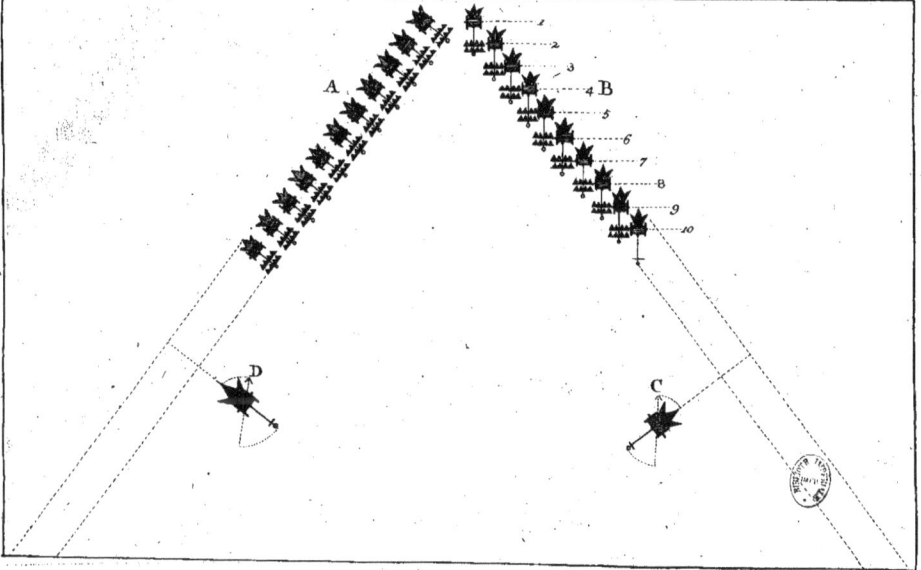

Pl. IX.

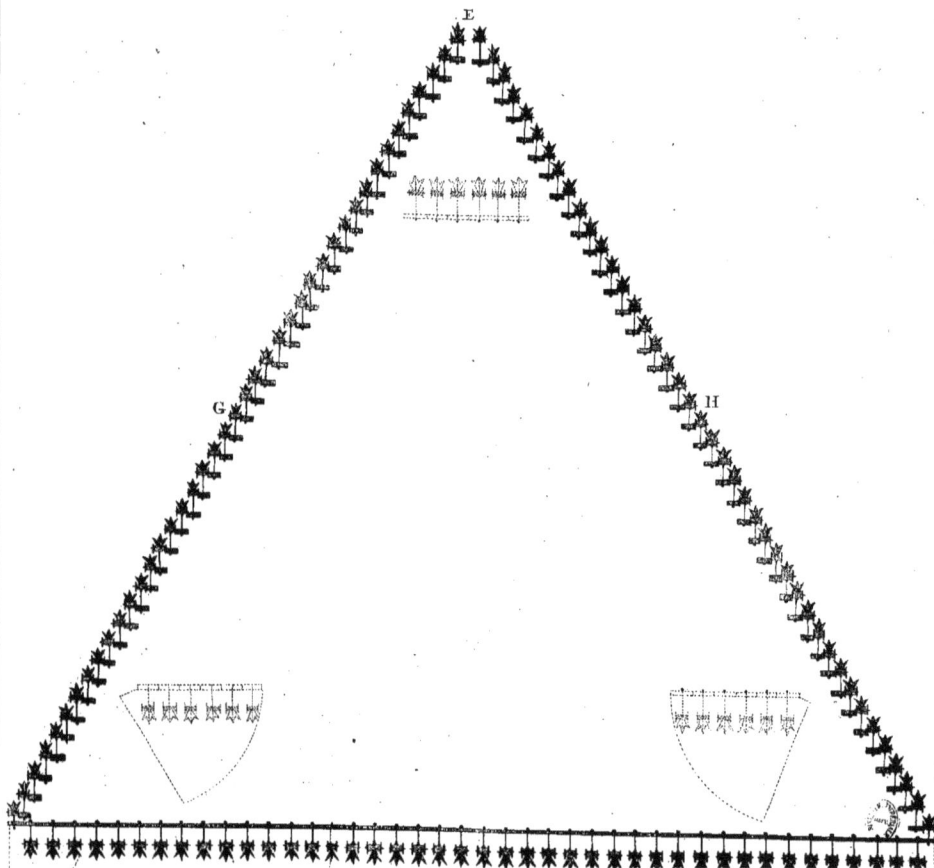

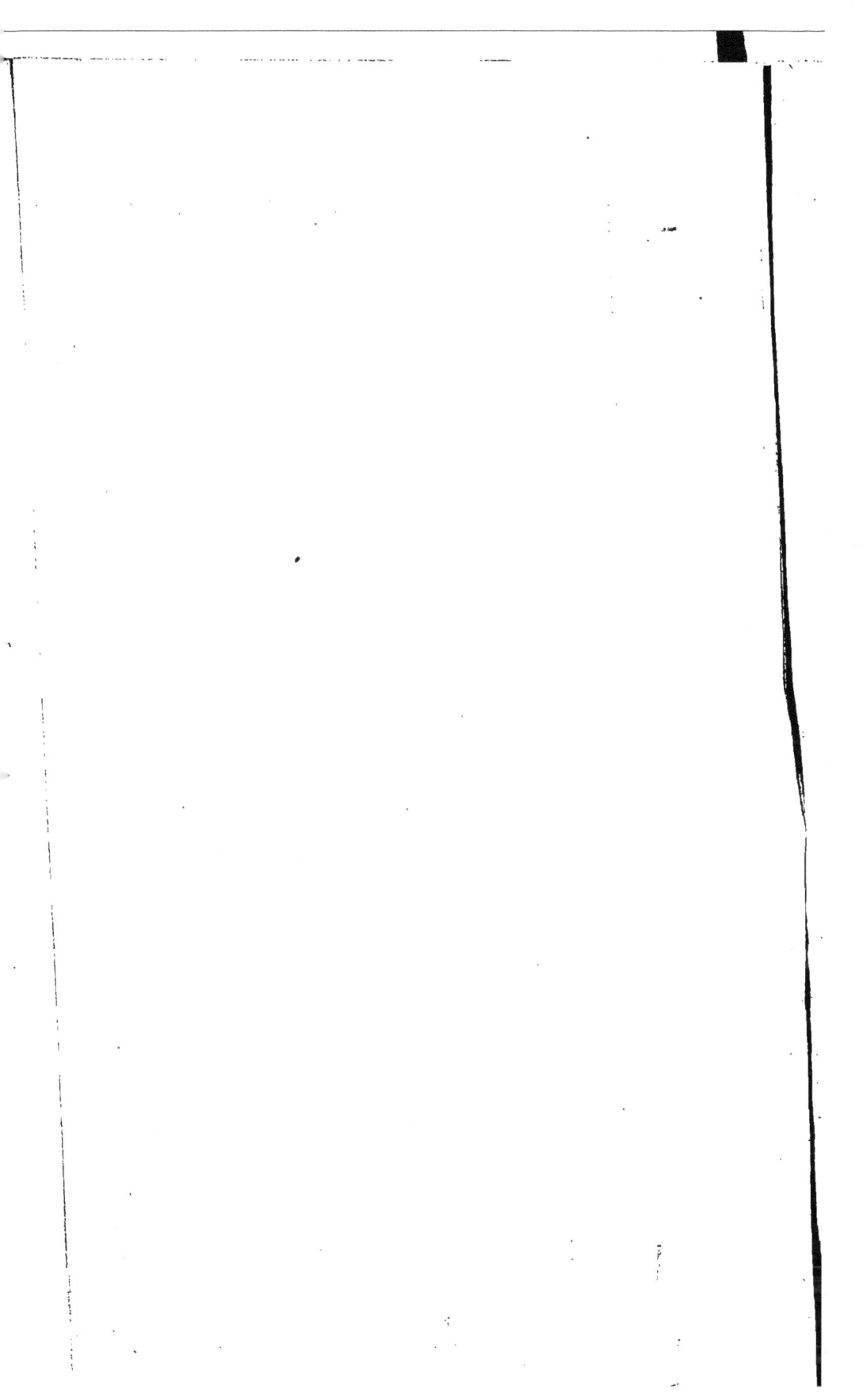

LE triangle ainfi formé, veut-on le faire
marcher par l'angle ? (Voyez la Pl. IX.) Le
front eft en E., les deux faces pouffent les Pl. IX.
Lyonnoifes en avant, & la face d'arriere F.
les tire en arriere. On pourra marcher ainfi
par les trois angles ou par les trois faces, de
tel côté qu'on jugera à propos.

CET ordre du triangle eft beau, tout y
eft à couvert, le front, les flancs & le derriere; on profite de tout le feu en marchant en
avant, ou en fe retirant. Un pareil bataillon
ifolé dans une vafte plaine n'auroit rien à
craindre de vingt mille cavaliers qui oferoient
l'inveftir de tout côté, & ils feroient exter-
minés s'ils en approchoient à la portée du pis-
tolet. On obfervera, en formant le triangle
avant que de fe mettre en marche, de déta-
cher quelques efcouades qui fe tiendront dans
l'intérieur des angles afin de les foutenir & de

boucher les trouées qui pourroient s'y faire ;
c'eft une précaution qu'il faudra toujours prendre, quoique peut-être elle foit très-inutile :
à la guerre les précautions inutiles font même
néceffaires : car quelle apparence y auroit-il que
l'ennemi ofât tenter de pénétrer par une trouée,
laquelle peut être rebouchée dans l'inftant en
refferrant la ligne ? D'ailleurs l'ennemi ne peut
approcher du bataillon triangulaire, plus près
qu'à la portée du fufil ; ainfi on auroit tout
le tems de reboucher une trouée.

On peut auffi former le bataillon quarré
avec les Lyonnoifes, mais cet ordre n'eft ni
fi fimple ni auffi avantageux que celui du tri-
Planche angle. (Voyez Pl. X.)
X.

Le Bataillon eft divifé en vingt & une
parties de fix efcouades ou Lyonnoifes. Il
peut marcher des quatre côtés ; mais pour cela
il faut que les flancs marchent à rangs ouverts,

Pl. x.

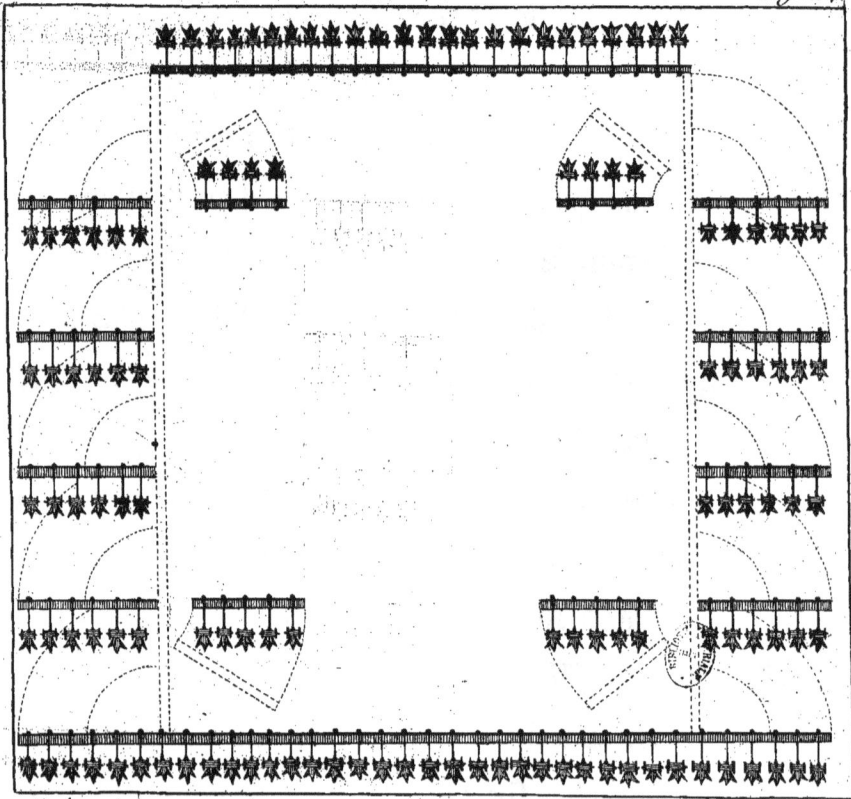

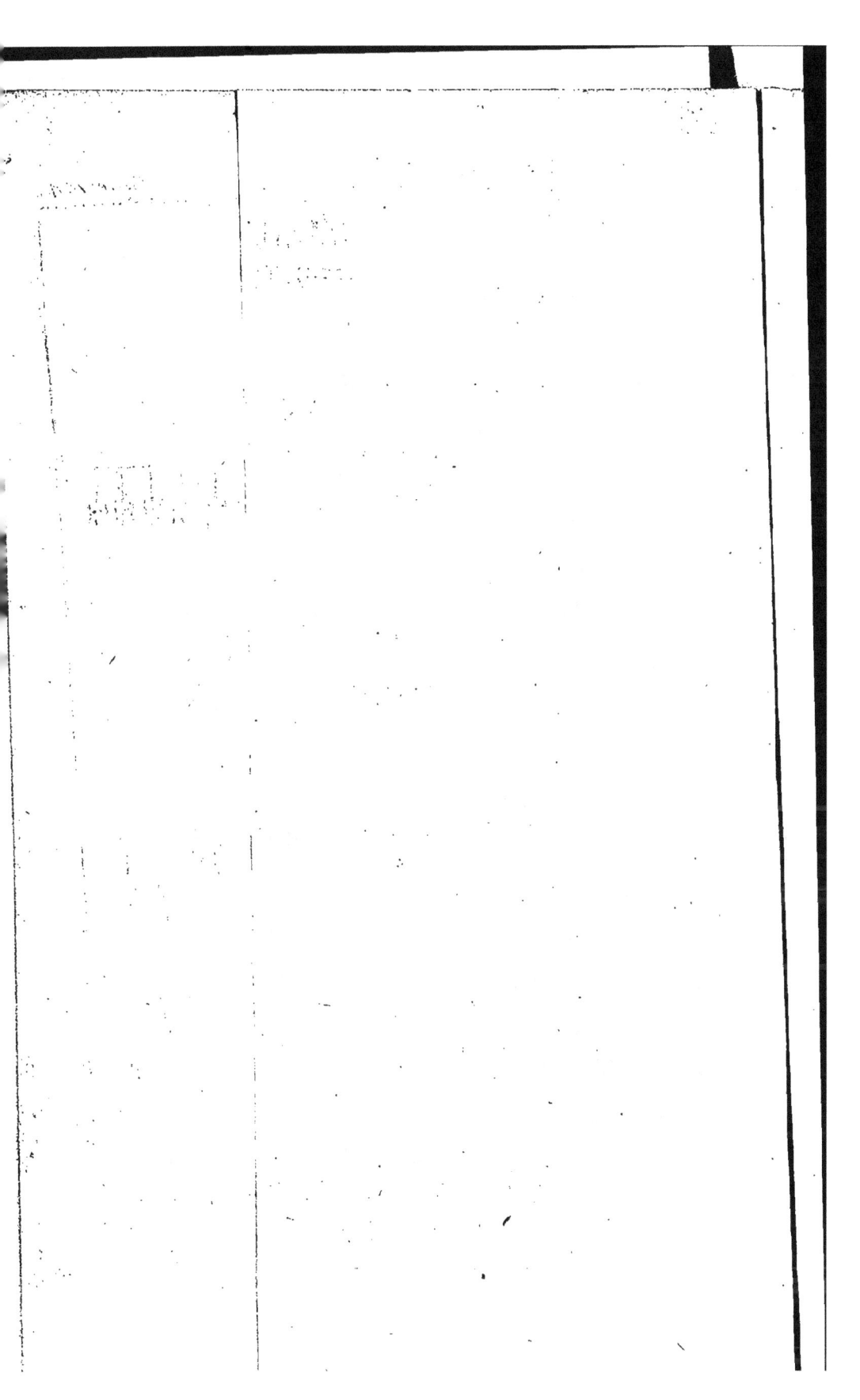

& lorfque ces flancs veulent faire feu, il faut
qu'ils fe replient en lignes & que tout le quarré faffe halte; au lieu que le triangle marche
toujours fans s'arrêter & n'a befoin d'aucun
de ces mouvemens pour faire feu.

APRÈS avoir démontré les manœuvres
qu'un bataillon peut exécuter avec fes Lyonnoifes, il faut faire connoître celles d'une
Brigade compofée de fix bataillons. J'ofe le
dire fans vanité, ces manœuvres font les plus
belles & les plus fimples qui ayent été propo-
fées depuis que la tactique a été réduite en
fcience. Il s'agit de faire marcher des retranchemens dans toutes les formes. Je prie le
Lecteur qui a l'efprit militaire, de faire attention à tout ce que je lui propofe dans ce petit
volume. Il y aura peu à lire, mais beaucoup
à réfléchir: & il deviendra par conféquent
pour lui un *in-folio*.

UNE Brigade compofée de fix bataillons va

G 5

Pl. XI. charger l'ennemi, (Voyez la Planche XI.)
qu'importe la force de cet ennemi, l'étendue
de fa ligne ou front de bandiere? qu'elle foit
de vingt ou de trente mille hommes & que
la profondeur de fes files foit de dix ou même
de cinquante hommes; par-tout où j'attaque-
rai cette ligne, foit au centre ou à une de
fes aîles, elle fera enfoncée, & alors tout eft
perdu pour lui.

LA Brigade commence à marcher en fimple
ligne dès la portée du canon en tirant les Lyonnoifes en arriere; les fix cens hommes de
cavalerie légere la fuivent à quelque diftance.
Parvenue à la portée du fufil de l'ennemi,
chaque bataillon fe forme en triangle fuivant
les principes démontrés ci-devant; & pour profiter de tout le feu, en continuant d'avancer
chaque face d'arriere fe partage en deux, &
chaque moitié par deux quarts de converfion
forme une courtine à côté de chaque Redan.

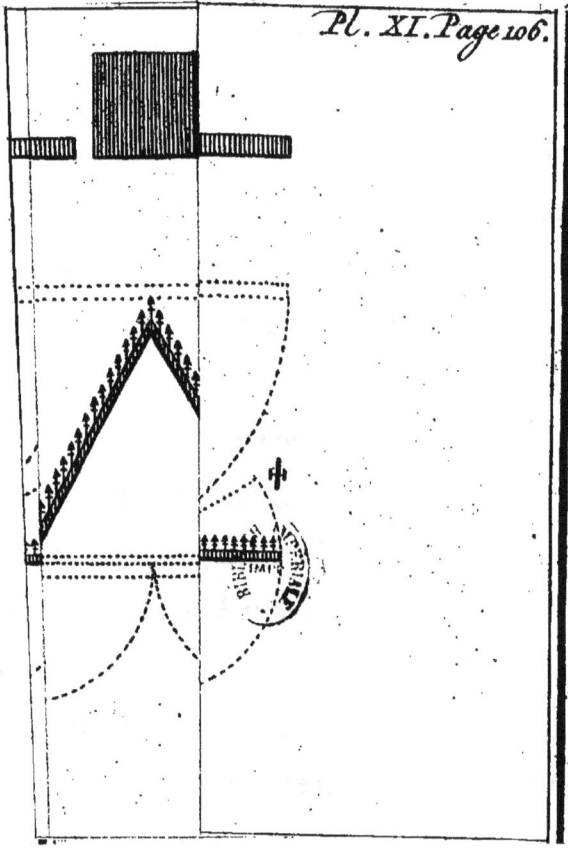

Pl. XI. Page 106.

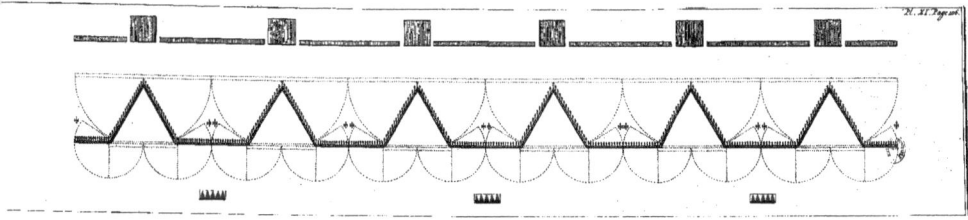

Au centre des courtines eft l'artillerie des bataillons qui fait auffi feu en avançant.

Il n'eft pas même néceffaire que les triangles foient fi proches les uns des autres au point
de faire joindre les demi-courtines enfemble ; il
n'eft pas à craindre que l'ennemi ofât pénétrer
pa. les intervalles, quand même ces intervalles
feroient de la longueur d'une demi-portée de
fufil ; il n'y gagneroit rien, parce que dans
l'inftant ces demi-courtines fe replieroient fur
elles-mêmes ; alors il faudroit qu'il paffât entre deux feux. D'ailleurs les triangles font
d'abord refermés ; & quand même l'ennemi
auroit pénétré, il ne feroit pas plus avancé.

On voit que les angles qui font front auront tout culbuté avant même que la moitié
des faces foit parvenue dans la ligne ennemie,
fur laquelle ces mêmes faces peuvent encore
fe replier en avant & marcher en ligne avec
rapidité pour achever la déroute ; car il ne faut

pas s'imaginer que l'ennemi puiſſe ici ſe retirer en ordre & ſous la protection de ſon feu,
quand même les dix doigts des mains des Soldats ennemis ſeroient autant de fuſils, puiſ-
qu'auſſitôt que les Lyonnoiſes l'auront atteint
à la portée du piſtolet, elles fondront ſur lui
avec tant de rapidité qu'il ſera obligé de ſe retirer en déſordre; & ces Soldats fuſſent-ils
des Alexandres & des Céſars, ils n'oſeroient
attendre un pareil choc. Lorſque la déroute
commencera parmi l'ennemi, on lâchera la
cavalerie légere à ſes trouſſes.

Je ſçai qu'on peut très-bien battre les Turcs
ſans le ſyſtême des Lyonnoiſes, ſur-tout à préſent que les Chrétiens ont fait de grands progrès dans l'art militaire, tandis que les Turcs
n'en ont fait aucun (6). Mais les Chrétiens ont
gagné peu de choſe juſqu'à-préſent en bat-

(6) Ceci a été écrit en 1764. & par conſéquent avant la
guerre actuelle entre les Ruſſes & les Turcs.

tant les Turcs; au contraire ils ont été obligés
de leur céder pied à pied leurs plus belles
Provinces; encore se sont-ils cru heureux de
sauver le tout en sacrifiant une partie. Lorsque les Chrétiens tuent dix mille hommes aux
Turcs & qu'ils en perdent cinq mille, leur
perte est infiniment plus grande que celle de
ces barbares. La raison en est si simple que
je n'ai pas besoin de l'expliquer.

Il est vrai que dans une armée Turque de
cent mille hommes, on n'en doit compter qu'un
tiers de troupes régulieres; mais le reste qui
n'est qu'un composé de troupes irrégulieres &
sans discipline, ne laisse pas de causer bien du
désordre: ces bêtes féroces détruisent tous
les pays par où ils passent & en enlevent les
habitans.

Les armées Turques font presque la moitié
de cavalerie, & cette supériorité en cette partie leur donne beaucoup d'avantage sur les

Chrétiens, qui ne peuvent en avoir à beaucoup près autant.

LES Turcs ont souvent bravé les Puiſſances
Chrétiennes juſques dans le centre de leurs
Etats en aſſiégeant leurs capitales, tandis que
l'ennemi n'a pas mis le pied ſur leur terrein à
cent lieues de Conſtantinople. Cependant trois
corps de troupes de vingt-quatre mille hommes chacun, c'eſt-à-dire, de quatre Brigades
armées de Lyonnoiſes, agiſſant vigoureuſement, & dont les opérations ſeroient bien con-
certées, ſuffiroient pour renverſer l'Empire
des Turcs & chaſſer ces barbares au delà
de l'Euphrate, ſans eſpoir de pouvoir jamais
repaſſer ce fleuve; leurs armées fuſſent-elles
de quatre à cinq cens mille hommes d'infanterie & d'un million de ſagittaires.

Planche
XII.　VOYEZ la Pl. XII. où eſt crayonnée une
armée en ordre de bataille, compoſée de
quatre Brigades faiſant vingt-quatre bataillons,

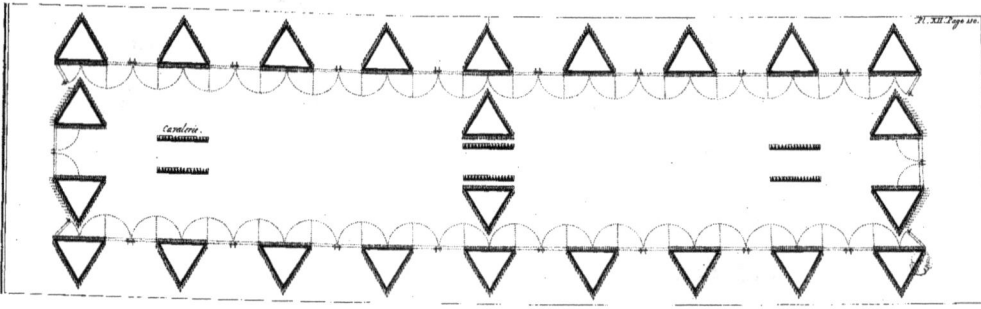

Pl. XII Page 138.

Cavalerie.

& de deux mille quatre-cens hommes de cavalerie légere; cette armée peut camper par-tout où bon lui femble dans les plaines; elle n'a pas befoin de montagnes, de bois, de villages &c. pour appuyer fes flancs ni fes derrieres. La fituation du terrien; cette fublime connoiffance du coup d'œil tant vanté par des aveugles pour le choix des fituations propres aux combats, deviennent inutiles: chaque Brigade eft un Fort ambulant.

Supposons que cette armée fût inveftie par deux armées ennemies plus nombreufes du double ou du triple, elle marcheroit à toutes les deux en même tems, & les culbuteroit fi elles ofoient l'attendre. Toutes les rufes & les feintes dans les manœuvres deviennent inutiles vis-à-vis d'une pareille armée, à moins qu'elle ne fût conduite par des Généraux imbéciles. Elle peut camper dans le même ordre par-tout où bon lui femble & en élevant un simple retranchement de terre le long des triangles: ce seront autant de Forts devant lesquels il seroit même inutile d'ouvrir la tranchée. Je le répete, trois armées pareilles, bien entretenues & dont les mouvemens & les opérations seroient bien combinées entre les Généraux, en ne se perdant pas de vue & en agissant toujours de concert, renverseroient pour jamais l'Empire des Turcs.

Dans certaines occasions les Brigades pourront camper séparément les unes des autres à une certaine distance, soit d'une lieue ou même de deux, lorsqu'il sera question d'embraser une grande étendue de pays; au moyen de quoi on profitera de tous les mouvemens que l'ennemi pourra faire, en l'arrêtant dans un passage pendant qu'on le tournera par un autre &c. (Voyez la Pl. XIII.) Une Brigade ainsi campée est une forteresse qu'il faudroit affamer pour s'en rendre maître; car quand les

Planche XIII.

Pl. XIII.

Camp d'une Brigade, de 1000 Toises
de circonference.

les Turcs l'afliégeroient dans les formes, ils n'avanceroient rien; leurs affauts deviendroient inutiles, ou, pour mieux dire, ils n'oferoient en donner. D'ailleurs cette Brigade attaquée feroit bientôt fecourue par les autres Brigades. Si les Turcs étoient obligés de faire autant de fiéges qu'il y auroit de camps, où en feroient-ils? Toutes les richeffes de l'Afie & même tous fes Soldats n'y fuffiroient pas, car ce feroit toujours à recommencer, & ils ne tiendroient jamais rien. Ces forterefles peuvent fe diffiper & fe placer d'un endroit à l'autre dans un inftant. La circonférence d'un pareil camp pour une Brigade eft de mille toifes, ainfi chaque Soldat n'aura qu'un pied de profil à travailler, ce qui fera l'affaire de cinq à fix heures pour fe couvrir au point de foutenir un fiége.

MAIS en faifant une pareille guerre aux

H

Turcs, il faudroit les étourdir en les pouſſant vigoureuſement ſans s'amuſer à faire
des ſiéges, & marcher droit à Conſtantinople. On ne devra pas craindre de laiſſer derriere ſoi des Places occupées par les Turcs,
on aura ſoin ſeulement de ſe pourvoir
de biſcuit pour deux à trois mois : les beſ-
tiaux ne manqueront pas. Une armée de
vingt-quatre bataillons avec les femmes, les
enfans, les domeſtiques &c. conſumeront
à-peu-près un million de livres de biſcuit par
mois ; chaque Soldat peut en porter pour huit
à dix jours, & le reſte ſe transporteroit ſur
les chariots des payſans ennemis qu'on ramaſ-
feroit pour cet effet.

Douze Brigades auroient bientôt emporté Conſtantinople, & d'autant plus aiſément
que les trois quarts & demi de ſes habitans ne
ſont pas des Turcs, mais des Eſclaves Grecs,
qui ne cherchent que l'occaſion de s'affranchir
de l'eſclavage ſous lequel ils gémiſſent. Con

ftantinople une fois tombé, la confternation feroit générale, & les autres Places en Europe qu'on auroit laiffées derriere, tomberoient d'elles - mêmes. Hélas ! les fondemens qui foutiennent l'édifice de l'Empire Ottoman, font fi mauvais, que cet édifice menace ruine de tous côtés, au point qu'il ne faudroit qu'un bon coup de bélier pour le renverfer. Je laiffe à mon Lecteur qui a l'efprit militaire à réfléchir fur tout ce que je viens de lui tracer. S'il l'a lû le foir, il fera plus d'un tour dans fon lit avec les belles Lyonnoifes, & le lendemain en s'éveillant il dira : *les Turcs prendront auffi des Lyonnoifes.* Tant mieux pour eux; mais ils ne font guere imitateurs, & s'ils s'en avifent, ils s'y prendront toujours trop tard. Enfin quand ils les auront adoptées, que feront-ils ? C'eft ce qu'on verra dans la troifieme Partie.

FIN DE LA SECONDE PARTIE.

H 2

LES
LYONNOISES
PROTECTRICES DES ETATS SOUVERAINS
E T
CONSERVATRICES DU GENRE HUMAIN.

TROISIEME PARTIE.

Théorie d'une Guerre défensive.

Lorsque les Turcs auront adopté le systême des Lyonnoises, ils ne pourront agir offensivement avec elles contre un ennemi qui en
aura aussi ; car deux armées n'iront assurément
pas se choquer l'une l'autre avec ces armes.
Que résulteroit-il d'un pareil choc? Rien d'es-
sentiel. Dès ce moment la guerre offensive
est impossible, au lieu que la défensive est la

plus fimple, la plus belle & la plus facile qu'on puiffe imaginer.

Dès que les Turcs commenceront à agir avec les Lyonnoifes, on ne leur oppofera plus que des Camps retranchés, & des Forts de campagne. Une Ville, un Bourg ou un Village entourés de fimples retranchemeńs ne pourront être emportés par affaut ni par efcalade: il eft impoffible d'attaquer les ramparts avec les Lyonnoifes, le moindre retranchement les arrête tout court. Envain feroit-on brèche, une coupure derriere la brèche fera faite dans l'inftant: donc les Lyonnoifes feront inutiles pour l'attaque; mais il n'en fera pas de même pour la défenfe, comme on le va voir. Ainfi toute la puiffance des Turcs ne fuffiroit pas pour reprendre en cinquante Campagnes, ce qu'on leur auroit enlevé en deux ou trois.

Mais laiffons là les Turcs & fuppofons que

toutes les Puissances de l'Europe ayent adopté
le système des Lyonnoises: car si une ou deux
l'adoptent, toutes les autres seront obligées
d'en faire autant. Ce ne sera ni la raison ni le
bon sens des Ministres qui gouvernent de puis-
santes Monarchîes, qui les engageront à les a-
dopter les premieres; la prospérité orgueilleuse
rejette presque toutes les meilleures institutions
qu'on lui propose, elle les méprise & croit
qu'elle n'en aura jamais besoin: ce sera la nécessité, & (j'ose le prédire sans être prophête)
ce sera une Puissance foible prête d'être écrasée
par une plus formidable ou menacée par des
voisins ambitieux, ou enfin une de ces Puissances qui n'auront pas l'ambition de conquérir & qui se borneront à la conservation de
leurs propres Etats. Ces dernieres font fans
doute les plus rares; cependant il s'en trouve
quelques-unes en Europe, & il feroit à fouhaiter qu'elles fuffent affez fages pour s'y pré-

cautionner pendant des tems de tranquillité,
& qu'elles se ressouvinssent de cette Maxime:

—————— *Metuensque futuri*
In pace, ut sapiens aptarit idonea bello.

IL s'agit à présent de faire connoître les difficultés extrêmes auxquelles on sera exposé
lorsqu'on voudra faire la guerre offensivement,
& de démontrer l'impossibilité de faire des conquêtes sur une Puissance qui se tiendra sur la
défensive, lorsque les deux parties belligérantes auront adopté le systême des Lyonnoises;
car on doit établir pour Axiôme, que de deux
Puissances qui se feront la guerre, celle qui
ne seroit pas armée de Lyonnoises seroit
perdue sans ressource, si elle ne les adoptoit
bien vîte; mais aussitôt qu'elle les aura adoptées, l'ennemi ne pourra plus agir offensivement contre elle, ni elle contre l'ennemi.

H 4

Je vais commencer par donner un devis de conſtruction pour les Forts de campagne; enſuite je viendrai à la méthode de les défendre. Tous ces Forts devront être conſtruits en terraſſes, ſans aucun revêtement de pierre ni de brique, &, autant que faire ſe pourra, près de l'eau, afin de pouvoir en mettre dans les foſſés, parce qu'on en ſera plus tranquile du côté des Mineurs aſſiégeans, deſquels au reſte on n'aura rien à craindre quand ils ſeront bien ſurveillés par les Mineurs aſſiégés.

D'AILLEURS les brèches faites par les Mineurs de l'aſſiégeant ne l'avanceroient pas beaucoup, comme on le verra ci-après.

VOYEZ les Pl. XIV. XV. XVI. & XVII. Tous les ouvrages en ſont grands & ſuſceptibles de beaucoup de coupures ou retranchemens: enſorte qu'on ſeroit obligé de les emporter morceau par morceau.

A LA gorge de chaque ouvrage il y a des

Pl. XIV.

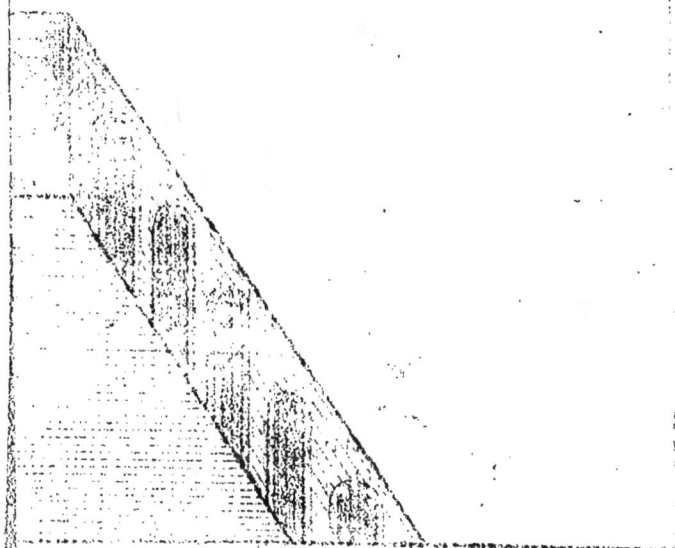

Pl. XIV.   Pag. 152.

Elevation d'un corps de Cazerne.

Fontaine ou puit

1 2 3 4 Toises

Pl. XV.

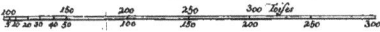

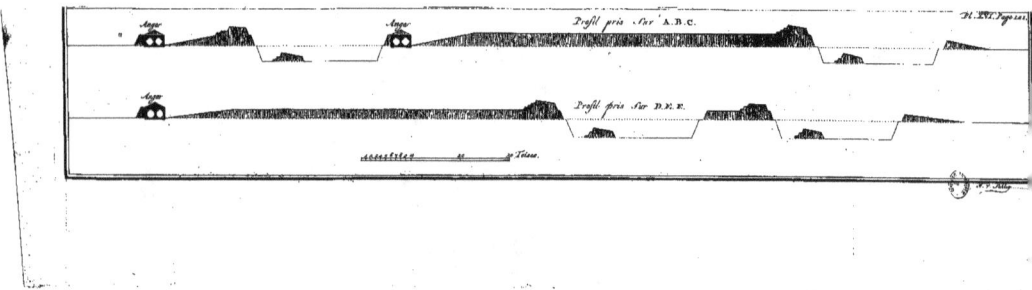

Profil pris sur A.B.C.

Profil pris sur D.N.E.

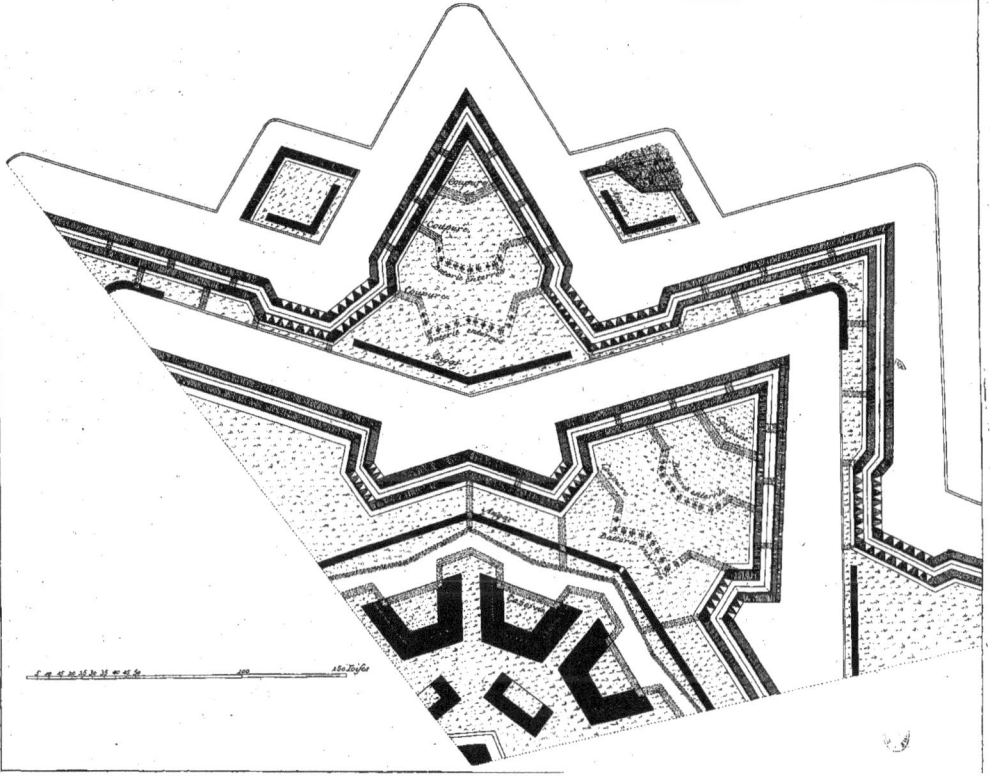

hangars à l'épreuve de la bombe. Leur hauteur est de sept pieds sur vingt-quatre pieds
de largeur : ces hangars sont destinés à mettre
les troupes avec leurs Lyonnoises en bataille.
Elles y seront les unes & les autres à l'abri des
bombes. Par-tout où le bois sera commun, on Planches
pourra faire ces hangars avec des poutres, XV.
c'est-à-dire, les piliers. Le toît sera de briques XVII.
maçonnées sur d'autres poutres en traverses; (*)
sur le tout on élevera un toît de tuiles ou
d'ardoises ; elles n'auront rien à craindre
du feu. On pourra construire de même en
bois & en brique l'intérieur de la Place, les
cazernes & les magazins souterrains. Les mai-
sons ne devront pas être élevées au dessus de
douze pieds, & il y aura de la place pour loger
vingt mille hommes s'ils y étoient nécessaires.

LE centre de la Place sera occupé par un
seul édifice destiné pour le service divin.

(*) *Voyés ces figures a la fin du volume.*

H 5

On ne devra avoir aucun lieu particulier fervant de magazin à poudre. Les poudres & les artifices devront être difperfés en différens petits dépots dans des fouterrains bien ménagés derriere les gorges des baftions. Dailleurs on n'aura pas befoin de beaucoup de poudre pour la défenfe du Fort: mais lorfqu'on n'a qu'un feul dépôt & qu'il arrive un accident, on n'en a plus. Il eft vrai que fuivant le fyftême des Lyonnoifes le mal ne feroit pas fi grand; mais il vaut toujours mieux le prévenir.

Il y aura derriere l'angle faillant de chaque ouvrage, un puits avec deux petits rameaux le long des faces, d'où les Mineurs de la Place pourront poufler des galeries pour croifer & éventer celles que les affiégeans pourroient entreprendre.

Je voudrois auffi que les merlons des batteries qui font dans les flancs des ouvrages fuffent compofés de groffes poutres d'un pied

d'équarriſſage poſées de champ, les bouts faiſant face, toutes bien liées les unes aux autres
par de fortes raînures & appuyées derriere par
d'autres poutres en arcs-boutans qui poſeront
ſur un radier ou grillage d'autres poutres enterrées.   Jamais le canon de l'aſſiégeant ne
pourroit détruire une pareille batterie ; un boulet qui donnera contre le bout de ces poutres, feroit moins d'effet qu'un his avec lequel
on voudroit enfoncer un pilot dans le roc.

On dira peut-être que l'ennemi mettroit le
feu à ces batteries. Cela eſt impoſſible : de
groſſes poutres recouvertes de gazonnage
ne s'allument pas ſi facilement ; d'ailleurs
quand même le feu y prendroit, il ſeroit
bientôt étouffé avec une corbeille de terre.
Les batteries que nous faiſons avec des faſcines
& des gabions ſont bien plus combuſtibles que
ne le ſeroient aſſurément celles-là.

Toifé général de l'excavation des terres néceffaires à la conftruction d'un Fort.

Premiere Partie.

EXCAVATION du foffé d'un Polygone devant la courtine, les flancs & les faces des baftions.

Longueur réduite. . . . . 370 toifes.
Largeur. 25

$$\frac{}{}$$

1850
740

$$\frac{}{}$$

9250
Profondeur. . . . . 3 toifes.

$$\frac{}{}$$

27750 toi. cubes.

Seconde Partie.

Longueur réduite. . . . 80 toifes.
Largeur. 25 toifes.

$$\frac{}{}$$

400
160

$$\frac{}{}$$

2000 toifes.
Profondeur. . . . . . . 3 toifes.

$$\frac{}{}$$

6000 t. cubes.

Troifieme Partie.

Longueur réduite. . . . . 25 toifes.
Largeur réduite. . . . . . 8 toifes.
_____

200

Profondeur. . . . . 3 toifes.
_____

600 t. cubes.

Rapport.

Premiere Partie. . . . 27750
Seconde Partie. 6000
Troifieme Partie. 600
_____

34350

A défalquer pour la fauffe-
braye. 2500
_____

Refte. 31850 t. cubes.

Excavation des fossés d'un Polygone devant le Ravelin & les faces de l'Enveloppe ou Contregarde des Bastions & de la Redoute.

Premiere Partie.

Longueur réduite. . . . . 140 toises.
Largeur. . . . . 25 toises.

$$700$$
$$280$$

3500 toises.
Profondeur. . . . . 3 toises.

10500 t. cubes.

Deuxieme Partie.

Longueur réduite. . . . . 130 toises.
Largeur. . . . . 25 toises.

$$650$$
$$260$$

3250 toises.
Profondeur. . . . . . . 3 toises.

9750

Troiſieme Partie.

Longueur réduite. . . . 140 toiſes.
Largeur réduite. . . . . 25 toiſes.

700
280

3500 toiſes.
Profondeur. . . . . 3 toiſes.

10500 t. cubes.

Quatrieme Partie.

Longueur réduite. . . . . 130 toiſes.
Largeur réduite. . . . . 25 toiſes.

650
260

3250 toiſes.
Profondeur. . . . . 3 toiſes.

9750 t. cubes.

Cinquieme Partie.

Longueur réduite. . . . .160 toifes.
Largeur. . . . . 10 toifes.

1600

Profondeur. . . . . 3 toifes.

4800 t. cubes.

Rapport.

Premiere Partie. . . . 10500 t. cubes.
Deuxieme Partie. . . . 9750
Troifieme Partie. . . . 10500
Quatrieme Partie. . . . 9750
Cinquieme Partie. . . . 4800

45300

A défalquer pour la fauffe-
braye. 3370

Refte. . 41930
Premier Toifé. 31850

Excavation des foffés d'un
Polygone. . . . . . 73780 t. cubes.
Pour les cinq Polygones. . 5

Total général de toifes
cubes. 368900

Voilà

VOILÀ donc à-peu-près trois cens soixante-dix mille toifes cubes à excaver pour la conftruction d'un Fort fur le grand fyftême que je propofe; je dis à-peu-près, parce que quelques centaines de toifes de plus ou de moins ne font rien à l'affaire. Au refte un pareil Toifé n'a rien de fixe; car s'il s'agit, par exemple, de travailler dans un marais, l'excavation fera moindre en profondeur & plus grande en largeur; mais ce Toifé fuffit pour faire connoître à - peuprès à combien montera la dépenfe pour la conftruction d'un pareil Fort, ainfi que le tems qu'il fera néceffaire d'y employer.

LE prix de la fouille d'une toife cube de terre differe fuivant celui de la main d'œuvre de chaque pays; mais le prix ordinaire pour les terres fortes eft d'un florin d'Allemagne ou d'un petit écu de France; le double pour le Roi; c'eft-à-dire que ce prix fe paye aux entrepreneurs, lefquels font obligés de fournir

I

tous les outils, brouettes, paniers, échafauda-
ges, bois, planches & clayes pour les rampes
&c. On leur paye quelque chofe de moins
pour les terres légeres & fablonneufes que pour
les terres fortes, quelque chofe de plus pour
les terres humides & marécageufes: en un mot
cela n'a rien de fixe, parce que la qualité du ter-
rain, la fituation & les circonftances font exi-
ger des prix différens. Mais je puis affurer
qu'un Fort qui aura trois cens toifes de polygone extérieur, de l'angle-faillant d'un polygone
à l'autre, tel qu'eft celui-ci, ne coutera pas
au delà de cinq cens mille florins, tous fraix
faits; car il n'y faut point de paliffades, &
un pareil Fort vaudra beaucoup mieux que tel
autre qui aura couté plufieurs millions & qui
en coute encore tous les ans confidérablement
à entretenir: & il n'eft pas vrai, comme je
l'ai déja dit ailleurs, que le placage & le gazonnage des Places terraffées coutent beau-

coup. Cela peut être pendant les deux ou trois premieres années, quand les terres font fablonneuses & légeres ; mais quand elles font une fois affaissées & consolidées, & sur-tout lorsquelles ont été bien battues, l'entretien n'est plus rien.

On pourra aussi dans certaines circonstances, comme je le remarquerai ci-après, élever des Forts d'un moindre système, c'est-à-dire, de cent quatre-vingts toises de polygone, de l'angle-saillant d'un bastion à l'autre ; alors ils couteront beaucoup moins.

Deux mille hommes employés à travailler à chaque polygone du grand système évacueront & transporteront facilement mille toises cubes par jour (de terre, s'entend, & non pas de roc) ce qui fera trois pieds pour chaque homme ; par conséquent dix mille hommes employés aux cinq polygones, déblayeront cinq mille toises cubes par jour, & pourront aisé-

I 2

ment achever le Fort en deux mois & demi.
Si l'on employe plus de monde, on aura plus
tôt fait.

ON pourra couvrir toute une frontiere de
pareils Forts, petit à petit , c'est-à-dire en
construisant un Fort chaque année; cela occupera les Soldats, leur fera gagner de l'argent & les endurcira à la fatigue. Les villes
& les bourgs de l'intérieur des Provinces, qui
n'ont que de simples murailles, pourront être
terrassés à peu de fraix, & si l'on y ajoute
quelques redoutes ou ravelins, on les rendra
susceptibles de la plus grande défense. Il n'importe pas que les terrasses soient élevées devant ou derriere les murailles de la ville ou du
bourg: on se réglera là-dessus sur la situation
du terrein; car souvent il n'y a point d'espace
entre les murailles d'une ville & ses édifices.
Moyenant quoi toutes les villes , bourgs &
habitations considérables deviendront autant

de forterefles inexpugnables. Et pour rendre la chofe plus facile & moins couteufe, chaque endroit feroit chargé de la conftruction de fes ramparts; on éleveroit un polygone dans une année, un autre polygone celle d'enfuite, & infenfiblement la ville fe trouveroit fortifiée. Les habitans & les payfans, chacun dans leur diftrict, y travailleroient gratis un jour de la femaine, ou les jours de fêtes; la nourriture feulement feroit accordée à chaque perfonne les jours de travaux aux dépens des riches, des bourgeois & des habitans aifés qui ne travailleroient pas, & cela leur devra être d'autant moins à charge, qu'il s'agit de leur propre confervation, que les partis ennemis ne pourront plus les piller impunément par des contributions, ni les inquiéter par leurs vexations, & que ces jours de fêtes feront employés utilement pour le bien de la fociété publique, & fans que cela porte préjudice aux particuliers.

EXAMINONS préfentement comment on dé-fendra un Fort. On voit que dans ce fyftê-me de fortification il n'y a pas de chemin-cou-vert, ni par conféquent de paliffades. Les infultes de l'affiégeant & les forties de l'affiégé deviennent inutiles, car que feroient des dé-tachemens avec leurs Lyonnoifes dans des en-droits coupés, contre l'affiégeant qui en au-roit auffi? De même que l'affiégé ne peut at-taquer l'affiégeant, celui-ci ne le peut pas non plus; ainfi toute l'occupation & toute l'atten-tion de l'affiégé fe bonnera à défendre fes ou-vrages pied à pied.

L'ASSIÉGEANT commencera donc fes atta-ques fuivant la méthode ordinaire. Ses tran-chées feront dirigées en conféquence; en-fin il approchera & placera fes batteries contre les redoutes, les ravelins & les contregardes.

L'affiégé ne devra pas lui oppofer de contre-
batteries de gros canons, cela eft inutile; les
décharges de la groffe artillerie devront être
réfervées pour recevoir l'affiégeant quand il
voudra faire le paffage du foffé, & on ne devra
pas tirer un coup de canon jufques alors: Mais
on devra avoir dans chaque Fort un millier
d'armes à feu du calibre d'une livre de balle;
on les nommera fi l'on veut Tigreffes, Arquebufes ou Moufquets, le nom n'y fait rien;
pourvu qu'elles foient bien faites, elles por-
teront à mille pas de but en blanc. Ces armes
feront deftinées à inquiéter les batteries de l'affiégeant & à tirer fur tout objet qui paroîtra
fufceptible d'être touché. Ceux qui les fer-
viront ne devront abfolument les tirer qu'a-
près avoir bien vifé au but. Une centaine
de pareilles armes entre les mains de bons
tireurs, retarderont plus le fervice d'une bat-

terie de l'affiégeant, qu'une contre-batterie de gros canon qu'on lui oppoferoit.

ON ne devra abfolument pas permettre aux Soldats qui borderont les ramparts & autres parapets des ouvrages avancés, de tirer avec leur fufil à moins que l'affiégeant n'en parût à portée & à découvert devant eux ; toutes ces fufillades lâchées au hazard ne fignifient rien ; au contraire elles fatiguent beaucoup & inutilement les Soldats & confument en vain une immenfe quantité de poudre & de plomb. Point de mortiers à bombes, le jeu n'en vaut pas la chandelle.

LA plus grande attention de l'affiégé fera de bien furveiller les Mineurs de l'affiégeant, & de poufler des rameaux avec intelligence afin de croifer & d'éventer ceux qu'ils poufferont. Une autre attention de l'affiégé fera de fe cou-vrir à propos par des épaulemens ou traverfes contre les batteries à ricochet. Les meilleurs épaulemens à oppofer à ces ricochets font ceux qui feroient conftruits avec de la groffe toile bien forte, de la maniere fuivante.

On fera faire un foffé de deux pieds de large, fur deux pieds de profondeur, depuis le parapet jufqu'au talus intérieur du rampart ; on y plantera des poteaux, de trois pieds plus élevés que le parapet, fur la tête defquels on tendra un cable, & par deffus ce cable on jettera une toile double qui pendra jufqu'au fond du foffé où il y aura un autre cable tendu auquel on attachera le bas des panneaux de la toile avec des cordons ; mais on devra faire attention que la toile ne foit pas trop tendue ; au contraire, elle devra être lâche, & il faudra que les deux cloifons de la toile foient à deux pieds de diftance l'une de l'autre. Quatre de ces épaulemens le long d'une courtine fuffiront pour amortir le boulet du ricochet ; car s'il perce la premiere cloifon, il perdra fa force à la feconde & ne la percera pas, à moins qu'on ne tire à boulets rouges. En mettant du fumier ou du foin entre les deux cloifons en guife de matelas, cela ne fera que mieux. Mais fi l'ennemi s'avifoit de tirer fes ricochets à boulets rouges (7), on feroit des traverfes avec des gabions remplis de terre & recouverts de gazons. Pour cet effet, on met quatre rangées de gabions depuis le parapet jufqu'au talus du rampart : fur ces quatre rangées on en pofe trois autres par deffus, le tout bien affuré avec de bons piquets : chaque gabion aura trois pieds de diametre & quatre pieds & demi de haut ; ainfi l'épaulement aura douze

(7) Je fçai qu'on n'a jamais tiré à ricochet avec des boulets rouges, mais comme je fçai auffi que la chofe eft poffible pour en avoir vu l'épreuve & qu'on pourroit un jour s'en avifer, j'ai été bien aife d'en faire mention.

pieds d'épaiſſeur par le bas & neuf pieds par
le haut; ſa hauteur ſera auſſi de neuf pieds;
le tout recouvert de terre & de gazonnage.
Si on veut faire l'épaulement plus haut, on le
pourra par un troiſieme rang de gabions.

SUPPOSONS que l'aſſiégeant ait fait une brèche de vingt-cinq toiſes de large à la redoute,
(Voyez Pl. XVII.) comment y donnera-t-il
l'aſſaut? L'aſſiégé aura fait une coupure ou
retranchement derriere la brèche: l'aſſiégeant
ne s'y préſentera aſſurément pas avec ſes Lyonnoiſes; le moindre retranchement les rend inutiles, & deux à trois pièces de canon derriere cette coupure, chargées à boulets ramés,
détruiroient tout ce qui s'y preſenteroit, de
même que les autres batteries des flancs des
ravelins & de la contregarde. Ces batteries
qu'on élevera derriere les coupures ſeront enterrées & couvertes d'un plancher de groſſes
poutres recouvertes de terre; les bombes ni

Planche
XVII.

les boulets de l'affiégeant ne pourront pas les incommoder. (Voyez la Pl. XVIII.) Les bouches des canons raferont l'horifon de la terre; quelqu'un oferoit-il avancer pour enclouer ces batteries foutenues par les Lyonnoifes qui font fous leurs hangars? Cela eft impoffible. Ces Lyonnoifes chargeront, difpofées fur deux lignes de vingt-cinq chacune : il faudra que la premiere ligne avance abfolument, car la feconde la feroit avancer malgré elle; il ne fera plus queftion de terreur panique, il ne s'agira plus de retourner en arriere, il faut vaincre malgré qu'on en ait: auffi la tête de la colonne de l'affiégeant, eût-elle dix mille hommes de file, feroit-elle culbutée par cette fimple ligne de vingt-cinq Lyonnoifes.

PL. XVIII.

RÉFLÉCHISSEZ encore ici, mon Lecteur, avec attention, que tout retranchement bien attaqué fera toujours emporté lorfqu'il ne fera pas foutenu avec des Lyonnoifes: qu'un

Pl. XVIII.

Batterie en Terrée

simple retranchement soutenu par ces armes
ne peut jamais être emporté, même avec des
Lyonnoifes, parce qu'elles deviennent inutiles pour l'attaque & qu'on n'avanceroit de
rien en les pouffant contre la terre du retranchement, quand même le canon n'empê-
cheroit pas d'en approcher. Efcaladera-t-on
le retranchement? Non affurément: les hommes les plus déterminés ne s'y hazarde-
ront pas.

QUELLE confiance ces armes ne donne-
ront-elles pas aux Soldats derriere un retranchement, lorfqu'ils en connoîtront toute la
force? Mais quiconque connoîtra le cœur
humain prendra toujours des précautions.
C'eft pourquoi, lorfqu'il fera queftion de re-
pouffer un affaut, on devra toujours charger
avec deux & même trois rangs de Lyonnoifes; je le répete encore, il faut que le premier rang avance, fans quoi le fecond rang

aura ordre de l'éperonner au derriere; le troifieme rang qui fuit le fecond, en feroit de
même à celui - ci : mais ces rangs devront
laiffer une certaine diftance entre eux afin
que quand le premier rang chargera il puiffe
le faire par vibrations, c'eft - à - dire en pouffant en avant, en retirant en arriere, & en
repouffant avec rapidité. On peut juger combien fera grande cette force répulfive ; on
pourroit appliquer à jufte titre à la Lyonnoife
cette devife *adverfa retundunt*.

SI l'affiégeant s'obftinoit enfin à vouloir
emporter cette redoute, il faudroit qu'il la
réduifît en pouffiere; cela lui couteroit bien
du tems & du monde, & il n'auroit encore
avancé que d'un point: il faudra qu'il vienne
à cet immenfe ravelin qui a cent trente toifes à fa gorge & autant à fes faces & flancs.
Trois coupures & deux batteries enterrées
traverferont le ravelin ; la premiere coupure

sera à cinquante toises de l'angle-saillant.
Quand l'assiégeant aura emporté cet angle
donnera-t-il l'assaut? Ou continuera-t-il à
emporter le reste morceau par morceau? Dans
le premier cas il feroit exterminer ses Soldats
inutilement; dans le second cas il lui faudra
bien du tems & de la poudre: il devra attaquer en même tems les contregardes; & après
qu'il se feroit emparé de tous ces ouvrages,
avec beaucoup de travaux, de pertes, de peines & de dépenses, il auroit encore devant
lui la perspective de bien plus grands travaux
pour s'emparer du corps de la Place. Le
bastion, comme le ravelin, sera traversé par
trois coupures & deux batteries enterrées; les
corps de cazernes font joints & couverts par
de petits bastions & un fossé; ce qui formera
une troisieme enceinte de laquelle on pourra
capituler lorsque l'assiégeant y aura donné
quelques assauts.

JE ne crois pas qu'on s'avisât d'entreprendre souvent de pareils siéges. Que fera-t-on? Des blocus pour affamer les Places? A la bonne heure: voilà donc déjà un grand bien pour l'humanité; mais je ferai encore voir ci-après, qu'on ne réuffira pas mieux par des blocus.

JE vais à préfent faire connoître combien feront faciles les opérations d'une guerre défenfive, & combien feront difficiles, lentes & infructueufes celles d'une guerre offenfive.

SUPPOSONS un Etat dont la frontiere fur une étendue de cent lieues eft tout à découvert, fans aucun Pofte ni Fort capables d'arrêter l'ennemi quand il voudroit y pénétrer. Il s'agira de couvrir cette frontiere, c'eft-à-dire, d'élever des Forts aux endroits par où l'ennemi pourroit paffer en corps d'armée, enforte qu'à tous ces paffages il feroit obligé de faire des siéges. (Voyez la Planche XIX.)

Pl.
XIX.

DANS

Echelle de Vingt Lieues

Michelsbourg
Fort Paul
Fort S. Thomas
Fort Simon
Fort Jaques
Julianebourg
Fort Jean
Fort André
Fort Pier
Ville Julie
Ville Marie
Ville Justine
Ville Christine
Ville Amelie
Ville Sophie
Martinbourg
Crépinbourg
Ville Henriette
Henribourg
Rochbourg
Laurensbourg
Kassienbourg
Ville Rosalie

Dans l'étendue de cette frontiere il y a sept routes principales par lesquelles il faut nécessairement passer, les autres routes n'étant que des chemins de traverse qui y aboutissent. A ces sept points on établira sept Forts suivant le systême que j'ai donné ci-dessus. Toutes les villes & principales habitations seront terrassées & hors d'insulte. A l'approche d'une guerre, les principales denrées de la campagne de toute espece seront transportées dans ces villes fortifiées, ainsi que la plupart des bestiaux; moyenant quoi les partis ennemis ne feront pas fortune. Brûler quelques cabanes n'est pas faire la guerre. On pourroit rendre la pareille à l'ennemi, mais il vaudroit mieux ne pas l'imiter, & cette modération intéressera tout le genre humain.

Mais avant que de se défendre il faut avoir pensé à mettre son état militaire sur un bon pied. Toutes les Puissances de l'Europe se

K

tiennent aujourd'hui fur un grand pied de guerre en tems de paix ; c'eſt ce qui cauſe une des dépenſes prodigieuſes qui ruinent les E- tats & rendent les peuples miſérables. En adoptant le ſyſtême des Lyonnoiſes on pourra diminuer de beaucoup le nombre des trou- pes ; lequel cependant devra toujours être proportionné à l'étendue & à la population de chaque Etat. Ainſi je ſuppoſe que la Puiſ- fance qu'il s'agit ici de mettre ſur un pied de guerre défenſive, entretenoit avant le ſyſtême des Lyonnoiſes cent cinquante mille hommes d'Infanterie & trente mille de Cavalerie (ceci pourra ſervir de régle proportionnelle pour toutes les Puiſſances), on pourra hardiment réduire cette armée à cinquante mille hommes d'Infanterie & à dix mille de Cavalerie lége- re ; car pour ce qui s'appelle cuiraſſiers , il n'en doit abſolument plus être queſtion, ils deviennent inutiles. Mais ces cinquante mille hommes devront être bien choifis, fur-tout les Officiers, dont le nombre devra être augmenté: ce qu'on pourra faire facilement avec ceux des cent vingt mille hommes qui auront été réformés.

J'AI déja dit qu'une Compagnie étoit compofée de vingt & une Efcouades ou Lyonnoifes; il devra y avoir un Officier fubalterne pour deux Efcouades, ainfi chaque Compagnie fera d'onze Officiers, y compris le Capitaine qui commandera toute la Compagnie. La paye des Officiers & des Soldats devra fuffire à les entretenir avec aifance & non pas avec cette mefquinerie, pour ne pas dire mifere, dont nous n'avons que trop d'exemples. Un million de plus par an employé à cet objet, bien loin d'être à charge à l'Etat, lui fera au contraire profitable: il aura de belles & bonnes troupes fur lefquelles il pourra compter, au lieu qu'auparavant fa nombreufe

armée n'étoit compofée que de miférables &
de vagabonds que l'on étoit obligé de renouveller à grands frais d'une campagne à l'autre.

LA Cavalerie légere devra être tenue en
haleine en tems de paix; elle battra les chemins d'une province à l'autre, afin d'y maintenir la fureté en les purgeant de tous vagabonds & gens fans aveu; en un mot elle fera l'appui de ceux qui font chargés de maintenir la juftice & la police de l'Etat; emploi
toujours honorable. En tems de guerre,
tems qui deviendra rare, elle fervira à harceler les convois de l'ennemi, à obferver fes
mouvemens & fes démarches, à faire les pa-
trouilles autour des camps &c. S'il y a beaucoup de Nobleffe dans l'Etat, tous les Officiers
& bas-Officiers, tant pour l'Infanterie que
pour la Cavalerie, devront être pris dans cette claffe à l'exclufion de tout roturier: mais
un mérite diftingué & des fervices non équi-

voques rendus par un Soldat roturier pourront le difpenfer de cette régle.

COMME dans une pareille armée il y aura beaucoup d'Officiers, la Nobleffe confervera toujours le même débouché qu'elle avoit auparavant pour être placée. Il eft vrai que ceux qui fondoient l'efperance d'une grande fortune fur les calamités publiques, n'y trouveront plus leur compte. La Nobleffe, du moins les trois quarts & demi de celle de l'Europe, doit fon origine au meurtre & au carnage. Prefque tous les Etats de l'Europe font fondés fur des conquêtes faites pendant les fiècles barbares où le feul droit du plus fort & de convenance tenoit lieu de juftice à ces Nations que nous nous glorifions d'avoir pour ancêtres: mais ces tems & ces circonftances n'exiftent plus. C'eft à défendre l'Etat que feront deftinés ces nobles defcendans des anciens conquérans. Nos peres au-

ront eû la gloire de conquérir puifque gloire
y a : nous aurons celle de conferver, & je
crois celle-ci bien fupérieure à l'autre.

MAIS outre cette armée mife fur un pied
fixe, on levera une Milice nationale de cent
mille hommes, laquelle s'affemblera une fois
tous les ans, chaque bataillon dans fon district, pour y être exercée pendant quinze
jours; & quand on aura à craindre quelque
irruption de la part de l'ennemi, on incorpo-
rera ces Milices aux troupes réglées; ce qui
formera toujours une armée de cent cinquante
mille hommes qui défendront affurément bien
le terrein.

LORSQUE l'ennemi approchera des frontieres, il trouvera fur une étendue de cent
lieues fept Forts, élevés aux endroits par où
il doit néceffairement paffer pour pénétrer
dans l'intérieur du pays. Chaque Fort fera
pourvu de munitions de toute efpece & dé-

fendu par une Brigade de fix bataillons. Enfin, malgré cela, l'ennemi fe déterminera,
par exemple, à faire les fiéges des deux Forts
André & *Paul.* Pour faire ces deux fiéges
il lui faudra au moins cent cinquante mille
hommes, c'eſt-à-dire, foixante-quinze mille
à chacun. Toutes fes démarches font éclairées
par une armée de cent mille hommes, foit
en un feul corps, ou divifée en plufieurs. S'il
entreprenoit un fiége avec vingt-cinq à
trente mille hommes, il fe trouveroit bientôt
obligé de le lever; fans quoi il courroit ris-
que d'être invefti lui-même: quelques heures
de tems fuffiroient pour lui couper toute retraite fans coup férir. Homme du métier, fi
vous réfléchiffez encore ici, vous aurez de
quoi occuper votre imagination.

Lors donc que les Forts *Paul* & *André*
feront inveftis, l'armée d'obfervation qui fera
fur la défenfive, détachera deux corps de

trois à quatre brigades chacun, lefquels vien-
dront fe camper à deux ou trois lieues derriere les Forts affiégés; là ils commenceront par
fe retrancher, & travailleront auffi-tôt à
élever deux nouveaux Forts fuivant le petit
fyftême, c'eft-à-dire, de cent quatre-vingts
toifes de polygone ou même de cent cinquante, & ces deux Forts feront élevés en moins
d'un mois.

QUAND même les affiégeans emporteroient
au bout de cinq à fix mois les Forts *André* &
Paul; (chofe d'ailleurs impoffible, car ils feroient obligés de convertir ces fiéges en
blocus) qu'auroient-ils gagné? Deux lieues de
terrein: car s'ils veulent avancer davantage,
il faut qu'ils recommencent deux nouveaux
fiéges ou blocus; mais il y a apparence que ce
ne fera pas dans la même Cámpagne; & à
mefure qu'ils emporteroient des Forts, ils en
trouveroient d'autres de deux lieues en deux

lieues. D'ailleurs toutes les villes & habitations confidérables dans l'intérieur du pays feront terraffées: donc il faudroit auffi qu'ils les affiégeaffent toutes. Les partis qu'ils y enverroient n'avanceroient rien; au contraire, ils courroient rifque d'être pris comme dans un filet. Toutes les richeffes de l'univers feroient infuffifantes à une Puiffance qui voudroit entreprendre une pareille guerre offenfive, où l'on feroit obligé d'emporter le terrein morceau par morceau, & cela par des blocus; car il n'eft plus queftion de batailles, & il lui feroit auffi difficile d'en donner que de faire des fiéges.

IL n'y avoit pas d'autre fecret dans le monde pour empêcher de faire la guerre, que de rendre les opérations offenfives extrémement difficiles, & les opérations défenfives faciles; le voilà trouvé ce fecret (8), & il

(8) Tout autre fecret plus facile que celui-ci pour empê-

K 5

feroit à fouhaiter pour l'humanité que les Souverains en fiffent ufage le plus tôt poffible; alors ils auroient devant les yeux le fpecta-cle de leurs peuples rendus heureux & tran-quiles; fpectacle qui, s'ils ont le cœur bon, leur fera plus délicieux & plus glorieux que les triomphes & les plus grandes victoires.

Mais avant que de finir cette troifieme Par-tie, je dois un peu parler de l'approvifionne-ment de bouche & autres, que chaque Fort de-vra avoir pour un an en tems de paix. Il eft étonnant combien eft grande la profufion des provifions inutiles & mauvaifes dont les maga-zins font remplis aujourd'hui; tout, jufqu'aux Pharmacies & autres chofes néceffaires aux hôpitaux, en eft déteftable. Et pourquoi cela? C'eft que toutes ces fournitures fe font par en-treprifes, & que les Entrepreneurs, les Rece-

cher que l'on ne puiffe plus faire la guerre, feroit nuifible aux fociétés, ainfi que je le ferai connoître dans la quatrieme Partie.

veurs, les Contrôleurs &c. font des fripons.
Toutes les fournitures d'une armée devroient
être en régie, & il devroit y avoir fur les Ré-
gifleurs des Surveillans, & même fur ces Surveillans d'autres Surveillans cachés pour épier
ces adminiftrateurs; lefquels fur la moindre
friponnerie feroient punis du dernier fupplice.
Si l'on fçavoit combien les fermes des fournitures néceffaires aux armées coutent à l'Etat,
& que bien loin de leur être avantageufes,
elles leur font au contraire nuifibles, on en
auroit horreur.

Tout Général qui entre dans un pays ennemi doit abfolument nourrir fon armée des
produits du pays, fans quoi il n'eft qu'un
écolier: mais faire venir les provifions de
chez foi & cela à grands fraix, c'eft le comble de la turpitude. C'eft cependant ainfi
qu'en ont agi certains Généraux de certaines
nations, qui, bien loin d'imiter Caton qui

voyant les Commiffaires des vivres qu'on lui
avoit envoyés en Efpagne où il commandoit,
les congédia en leur difant *bellum fe ipfum alet,*
accabloient de lettres plaintives les Miniftres
de leur Cour fur le retard des convois, &
rejettoient les fottifes qu'ils avoient faites
faute de vivres, de munitions &c.

Qu'on ne s'imagine cependant pas que les
pays où ils ont fait la guerre en ayent été plus
ménagés: au contraire, les Communautés de
ces pays n'auroient pas mieux demandé que de
fournir les vivres, les fourages &c. aux Ennemis, en diminution des contributions dont on
les accabloit, & le furplus à un prix modique.
Mais ces Généraux n'avoient garde d'accepter
des propofitions fi raifonnables parce que les
contributions ne feroient pas entrées fi abondamment dans leurs coffres. C'eft ainfi que ces
gens ruinoient tout à la fois & leur patrie &
le pays où ils faifoient la guerre.   Qu'on ne

croie pas que ceci ſoit une ſatire calomnieu-
ſe; ce n'eſt malheureuſement que la trop pure
vérité & dont il y a des milliers de témoins.

Mais revenons à l'approviſionnement de
nos Forts de campagne. Il n'y a pas de petit
Commis qui ne ſache combien un quintal de
bled rend de farine, & combien il faut de farine pour faire tant de livres de pain, ainſi je
n'entrerai pas dans ces détails & autres ſembla-
bles. On fera les proviſions au prorata du nombre des perſonnes qui ſeront dans les Forts, &
cela pour un an en tems de praix, en farine,
eau-de-vie, vin, biere, beurre fondu, vian-
de ſalée, huile d'olive, huile pour la lampe,
ſuif, ſel, poivre & autres épices, vinaigre,
riz, légumes ſeches, toutes ſortes de fruits
ſecs &c. Toutes ces denrées devront être
renouvellées tous les mois à meſure & à proportion qu'elles ſe conſommeront, à moins
qu'on ne ſoit inveſti par l'ennemi, enſorte

qu'il devra toujours y avoir des provisions
pour une année: & les diftrubuteurs auront
attention de fe défaire des anciennes provifions & de ne point toucher aux nouvelles
qu'à tour de rôle.

· CES fournitures devront, dis-je, être faites
par l'Etat fous la direction d'une Régie; les
Commis diftributeurs feront les fournitures &
les diftributions, fuivant la taxe, la ration,
le poids & la mefure qui auront été fixés
par l'Etat.

IL en fera de même pour toutes les munitions de guerre, les provifions d'outils de
maréchallerie, de charpenterie, de menuiferie, de maçonnerie, des pelles, des pioches,
des haches, des ferpes, des brouettes, du
fer, du cuivre, du plomb, des cloux, du
bois à bâtir & à brûler, des planches, des
briques, de la chaux, du fable, de la groffe
toile, des cables de toute groffeur, de la fi-

celle, des aiguilles de toute grosseur &c. mille choses & plus dont je me dispenserai de grossir ce volume. Sur-tout il faudra avoir une quantité de fourrage & d'avoine pour la nourriture de mille bœufs & de trois mille moutons. A mesure qu'on consommera les fourrages & les bestiaux, on les remplacera tous les mois, à moins que, comme j'ai déjà dit, le Fort ne soit investi par l'ennemi. Mais quand on aura quelque guerre à craindre, on devra prendre ses précautions afin que les approvisionnemens du Fort soient complets & augmentés pour deux ans si on le juge à propos.

FIN DE LA TROISIEME PARTIE.

LES
LYONNOISES
PROTECTRICES DES ETATS SOUVERAINS

ET

CONSERVATRICES DU GENRE-HUMAIN.

QUATRIEME PARTIE.

§. I.

Congrès pacifique & perpétuel.

S<small>I</small> les Puiſſances adoptent le Syſtême des Lyonnoiſes, comment discuteront-elles leurs querelles, me demandera-t-on? A cela je répondrai qu'elles ne devront plus en avoir, que leurs intérêts réciproques ſe diſcuteront & ſe termineront par la raiſon, l'équité & les Miniſtres-Plénipotentiaires. Ne faut-il pas toujours que les Souverains, après avoir déſolé leurs Etats par la guerre, ſoient obligés d'en

veni<small>r</small>

venir aux négociations & qu'ils s'en rappor-
tent là-deſſus à leurs Miniſtres?

D'AILLEURS cette méfiance réciproque,
qu'ont les Puiſſances & qui eſt la ſource de
bien des querelles, n'auroit plus lieu; aucune
d'elles n'auroit à craindre d'être dominée par
l'autre, & il n'y auroit plus que de la créme
fouettée dans les baſſins de la balance politique.

TOUTES les Puiſſances de l'Europe devroient
faire à fraix communs l'acquiſition d'un terrein d'une lieue en quarré, à-peu-près à égale
diſtance de toutes les Capitales, dans une petite Principauté, telle, par exemple, que
Liége, Bouillon, Montbelliard, Porentru ou
l'Eveché de Conſtance. &c. Au milieu de
ce terrein on éleveroit un édifice magnifique
qu'on nommeroit le Palais de la Paix: on y
conſtruiroit une ſalle octogone qui auroit
quatre portes & quatre cheminées, avec une

table ronde au milieu & des chaifes égales tout
autour.   Du point central de ce Palais, on
traceroit un cercle, dont les rayons feroient
de deux cens toifes: cet emplacement formeroit un parterre planté de huit belles allées
d'arbres qui répondroient aux huit faces extérieures du Palais.   Il ne feroit permis à aucune voiture d'entrer dans ces avenues, mais
bien à des chaifes à porteur.   A trente toifes
de chaque face de ce parterre octogone feroient élevés parallellement de beaux Hôtels
deftinés aux Miniftres - Plénipotentiaires de
l'Europe.   Mais quoique tout le terrein y fût
égal & qu'il n'y eût ni premier ni fecond emplacement, pour éviter toutes difputes les dé-
marcations des endroits deftinés à élever ces
Hôtels feroient tirées au fort; premiérement
entre les Repréfentans des Puiffances du premier ordre; fecondement entre les Repréfentans des Puiffances du fecond ordre, & troi-

fiemement entre ceux des Puiffances du troifieme ordre. Infenfiblement il fe formeroit
derriere ces Hôtels une belle ville qu'on nommeroit *Pax Europeapolis*, Ville de la Paix;
où les Miniftres - Plénipotentiaires feroient
leur réfidence ordinaire & y compoferoient
un Congrès général fixe & permanent, dans
lequel les affaires politiques & les intérêts des
Etats feroient difcutés & terminés à l'amiable
par la raifon & l'équité.

On banniroit de cette affemblée refpectable
& facrée toutes les cérémonies de l'Etiquette
qui ne fignifient rien pour les gens fenfés &
qui devroient être méprifées par les grands
Princes comme des chofes au deffous d'eux.
Tous les Souverains font freres & par conféquent égaux en caractere. Les richeffes ni
la puiffance des uns ne leur donnent pas le droit
de primer fur les autres qui ont moins de richeffes & de puiffance qu'eux. La vertu

L a

feule chez les Princes doit leur donner le droit de préféance. Par-tout où fera un bon Prince, jufte & vertueux, fa place, fût-elle au bas de la table, fera toujours la premiere. Qu'il feroit beau de la voir difputer ainfi parmi les Souverains!

Les Miniftres des principales Puiffances, tous à la table ronde, n'auroient ni haut ni bas bout à difputer; toutes les places y feroient égales. Lorfqu'une affaire en difcuffion feroit fur le tapis, les Miniftres médiateurs diroient chacun leur avis: la pluralité des voix, ou l'unanimité des fentimens (& non pas un jugement) feroit connoître de quel côté feroit le bon droit; chaque Miniftre en conféquence en rendroit compte à fa Cour & en recevroit les inftruēions néceffaires. Et fi enfin une Puiffance s'obftinoit à ne vouloir pas acquiefcer aux raifons juftes & valables que les autres lui préfenteroient, alors coutes les autres Puiſſances romproient avec elle, ne la reconnoîtroient plus pour leur ſœur, & tout commerce ſeroit rompu avec elle & ſes Sujets juſqu'à ce quelle voulût entendre raiſon.

§. I I.

Projet pour l'anéantiſſement des Turcs & des Barbareſques.

La politique intéreſſée des Puiſſances Chrétiennes a été juſqu'à préſent le plus ferme ſoutien de la Puiſſance Ottomane, qui ſans cette mauvaiſe politique auroit été chaſſée de l'Europe, il y a longtems. La crainte où l'on a toujours été que les Empereurs de la Maiſon d'Autriche ne devinſſent trop puiſſans, a fait pencher conſtamment cette funeſte balance politique du côté de la Porte, & l'on a toujours pris à tâche de ſuſciter à la Maiſon d'Autriche des guerres de diverſion lorſqu'elle étoit en guerre avec les Turcs, afin d'empêcher les

progrès qu'elle auroit pu faire contre eux.
Le syſtême des Lyonnoiſes feroit ceſſer toutes
ces jalouſies. Si donc les Puiſſances de l'Europe vouloient ſe réunir & faire une guerre
vigoureuſe aux Turcs, ils les chaſſeroient facilement de l'autre côté de l'Euphrate. Alors
les Souverains pourroient ſans inconvéniens
partager les conquêtes qu'ils auroient faites
ſur eux. Par exemple, l'Empereur Roi de
Hongrie s'étendroit juſqu'aux frontieres de
la Romanie, juſqu'à celles de Macédoine &
juſqu'au Boriſtene. Les Ruſſes s'étendroient
juſqu'au Pont - Euxin en tirant une ligne depuis la Mer Noire juſqu'à la Mer Caſpien-
ne. Conſtantinople juſqu'à Andrinople avec
toute la Romanie, & vers l'Orient autant
que l'on pourroit s'étendre, formeroit un
Etat particulier. La Macédoine, l'Albanie &
l'Epire en formeroient un autre; la Theſſa-
lie, l'Achaïe & la Morée un autre; Candie,

Rhodes & Chypre, trois autres; Alep, Damas & Tripoli de Syrie, un autre; l'Egypte, un autre: en un mot on en feroit autant de toutes les côtes de Barbarie; car je ne vois rien d'impoſſible à cela. Si, dis-je encore une fois, tous les Princes Chrétiens vouloient ſe réunir de bon jeu, ils pourroient partager tous ces différens Etats conquis & les donner en ſouveraineté aux Princes cadets leurs enfans & à tels autres Princes de leur ſang qu'ils jugeroient à propos. Je ſçai bien qu'on traitera ceci de projet chimérique, & je ſuis tout le premier bien perſuadé que c'en eſt un, non pas que la choſe en elle-même fût impoſſible, mais parce qu'on n'aura ni aſſez de bonne volonté ni aſſez de courage pour l'entreprendre. Il faut de grandes ames pour entreprendre de grands deſſeins, dit la Rochefoucault.

Il eſt bien honteux aux Puiſſances Chrétiennes de ſouffrir tous les mépris & les humi-

liations avec lefquelles les Turcs & les Barbarefques traitent leurs Miniftres. La plupart de
ces Puiffances font même devenues leurs tribu-
taires afin de fe mettre à l'abri de leurs pillages.
Et, ce qu'il y a de plus honteux en ceci, c'eft
que certaines Puiffances du premier ordre par
une politique baffe & intéreffée excitent elles-
mêmes les Babarefques à faire la guerre à d'autres Puiffances Chrétiennes du fecond ordre,
afin de ruiner leur commerce & d'en profiter.

Qu'on ne s'imagine pas cependant qu'il faudroit faire de bien grands efforts pour renverfer la puiffance des Turcs & des Barbarefques;
il ne s'agiroit que de bien s'entendre dans les
opérations de la guerre qu'on leur feroit. Par
exemple, les Ruffes déboucheroient avec deux
armées, de vingt-quatre mille hommes chacune, entre la Mer Noire & la Mer Cafpien-
ne. L'Empereur Roi de Hongrie avec quatre
armées, chacune de vingt-quatre mille hom-

mes, avanceroit de son côté pour marcher droit à Constantinople, tandis qu'une Flotte Françoise de trente vaisseaux de ligne & de vingt-quatre mille hommes de débarquement, & une Flotte Angloise de même force & même nombre agiroient & avanceroient dans le Détroit des Dardanelles & sur les côtes de la Mer de Chypre. L'Espagne & le Portugal avec leurs forces réunies, moyennant le système des Lyonnoises, suffiroient pour chasser le Roi de Maroc. Le Roi de Naples & celui de Sardaigne, le Grand-Duc de Toscane, Malthe, les Rois de Suède & de Dannemark, tomberoient en même tems sur les Algériens, les Tunisiens & les Tripolitains &c. qu'ils accableroient facilement. Et si les Hollandois & les Vénitiens vouloient s'en mêler, l'affaire n'en iroit que mieux.

MAIS finissons un rêve qui ne se réalisera

L 5

jamais, & venons aux choses qui peuvent se réaliser bien plus facilement.

Le but principal du Syſtême des Lyonnoiſes eſt d'empêcher de faire la guerre offenſivement, & c'eſt à quoi l'on parviendra toujours. Cela poſé, il eſt queſtion d'examiner la ſituation des différens Etats qui compoſent le corps politique de l'Europe. Je commencerai par le Nord.

§. III.

DE LA RUSSIE.

CE vaſte Empire qui contient environ cent vingt-neuf mille lieues quarrées en Europe (9), n'étoit rien avant que le Czar Pierre I. eût conquis la Livonie, l'Ingrie &c. Toute cette grande étendue de pays en Aſie n'eſt que déſerts,

(9) Toutes les lieues dont on parlera ici ſont de 1500 toiſes ou 3000 pas.

qu'un climat affreux rend abfolument inhabi-
tables. La Ruffie en Europe eft très-peu peuplée eu égard à fon étendue, & les habitans
font pauvres. La nature du gouvernement,
qui feul a fait jufqu'à préfent prefque tout le
commerce principal, & celle du climat qui
eft très-rigoureux en plufieurs Provinces,
concourent à rendre les peuples Ruffes peu
aifés.

PAR la culture des Arts & des Sciences, &
plus encore par les voyages que quelques Seigneurs Ruffes ont faits dans les différentes
parties de l'Europe, la Cour de Ruffie eft devenue fans doute une Cour compofée de bien
des perfonnes polies & inftruites; mais ce font
quelques Ananas cultivés dans les ferres, que la
nature du climat ne permet pas encore de cultiver en plein champ. Je joins à la nature du
climat, celle du gouvernement & les mœurs
de la nation; car je crois que le climat influe

bien moins fur les hommes que les loix auxquelles ils font foumis & les mœurs qu'ils fuivent. Il eft vrai qu'on peut efpérer qu'avec
le tems, le foin du Souverain & de la principale Nobleffe, les loix & les mœurs s'é-
pureront.

LES Ruffes font plus malheureux que les
autres peuples de l'Europe, quand leur Souverain fait la guerre, parce qu'étant difperfés
dans un pays immenfe, ils ont beaucoup de
peine à raffembler leurs troupes, leurs recrues
& leurs vivres. Il eft vrai qu'aujourd'hui
qu'ils font en corps d'armée difciplinés à l'Européenne, ils méprifent les Tartares, ci-devant
leurs Seigneurs & Maîtres, ne craignent pas
les Suédois & encore moins les Polonois.
Les Turcs font ceux de qui ils auroient le plus
à craindre fi leurs troupes étoient difciplinées
& conduites par d'habiles Généraux; mais
malgré cela, fi les Ruffes étoient obligés de

foutenir eux feuls une guerre de cinq à fix ans contre les Turcs, ils fuccomberoient à la fin, parce que les Turcs s'aguerriroient & que leurs richeffes & leur propulation leur four-niroient plus de reffources qu'à leurs ennemis.

Mais ce qu'il y a de plus affreux, c'eft la maniere de faire la guerre entre ces deux Nations, dont les fuccès ne font comptés que par le nombre des villes & des villages incen-diés, des peuples, femmes & enfans maffa-crés ou traînés en efclavage: car quand les Turcs feroient de grandes conquêtes fur les Ruffes, leur politique feroit de ne les pas conferver, mais d'en faire des déferts pour leur fervir de barriere.

La population des Provinces de la Ruffie en Europe ne va pas au delà de cent habitans par chaque lieue quarrée. Pour ce qui eft de la plus grande partie de fes Provinces d'Afie, excepté quelques milliers d'habitations, dont les habitans n'ont que la figure humaine, c'eft, comme j'ai déja dit, un défert. Donc il feroit plus de l'intérêt de la Ruffie de s'étendre du côté de la population que du côté du terrein: elle devroit abandonner la plupart des Provinces dont le climat & le terrein font les plus ingrats & réunir tous ces peuples difperfés dans les meilleures Provinces en leur distribuant des terres. L'intérêt des Ruffes eft de n'entreprendre aucune guerre offenfive, de fe tenir fur la défenfive en élevant plufieurs Forts fur leurs frontieres, de s'occuper à peupler leurs Provinces les plus tempérées, à faire fleurir l'agriculture, à faire le commerce des denrées fuperflues de leur produ&ion, & à éviter le luxe des produ&ions étrangeres.

Je dirai ici une chofe qu'on pourra généralement appliquer à tous les Etats de l'Europe: c'eft que le Souverain qui n'aura aucune guerre à faire, n'aura que peu d'impôts à lever fur fes peuples. Donc le Prince & fes Sujets en feront plus heureux. Car il ne faut pas le diffimuler, les guerres fréquentes, & les armées nombreufes que la méfiance fait entretenir en tems de paix fur un grand pied de guerre, ont tellement ruiné les Souverains & leurs peuples, que fi cela continuoit encore quelque tems il en arriveroit certainement des révolutions funeftes à toute l'Europe.

§. I V.

DE LA SUEDE.

CE Royaume, que Charles XII. poffédé du Démon de la guerre a prefque ruiné, ne fe remet qu'avec peine, quoiqu'actuellement fous le régne d'un Prince fage & qui n'a d'autre ambition que le bonheur de fes peuples. La Conftitution actuelle du gouvernement de la Suède fait honneur à l'humanité. La Suède fous un climat froid & peu fertile n'eſt pas beaucoup peuplée, puisque ſur une étendue de vingt-huit mille lieues quarrées qu'elle a, on ne compte qu'environ quatre millions d'habitans; ce qui feroit cent quarante-trois habitans par chaque lieue quarrée. Mais les Suédois ſont un beau peuple, d'un bon caractere, braves, ſuſceptibles d'atteindre aux connoiſſances les plus ſublimes des Arts & des Sciences. Quoique peu riches, ils ſeront toujours heureux, lorſqu'ils éviteront la guerre. Ils n'ont que deux ennemis à craindre, les Ruſſes & les Danois: j'excepte ici leur petite Province de Poméranie en Allemagne, & je compte pour rien les Polonois: ils ne craindront plus rien lorſqu'ils auront élevé des Forts munis de Lyonnoiſes aux endroits de leurs côtes où les Ruſſes & les Danois peuvent faire des deſcentes.

§. V. DU

§. V.

DU DANNEMARK ET DE LA NORVÉGE.

Ces deux Royaumes sont gouvernés par des Rois, qui, quoique despotiques au pied de la lettre, bien loin d'agir en despotes envers leurs Sujets, les traitent au contraire comme leurs enfans. Cependant il se trouve encore dans les Etats du Roi de Dannemark plusieurs malheureux peuples qui sont esclaves de leurs Seigneurs. Aussi les Danois ne sont-ils pas aussi industrieux ni aussi heureux que leurs voisins les Suédois; mais il faudroit moins d'un siècle pour les mettre au même niveau.

Le Royaume de Dannemark, celui de Norvége, l'Islande &c. contiennent environ quatorze mille cinq cens lieues quarrées & trois millions trois cens mille habitans, ce qui

M

feroit environ deux cens vingt-cinq par chaque lieue quarrée; mais la Norvége qui eſt
un pays ſtérile & froid, rempli de forêts &
de montagnes, eſt beaucoup moins peuplée
que les autres parties des Etats Danois.

LE Roi de Dannemark n'a d'autres ennemis à craindre que les Suédois (excepté pour
ſes autres Etats d'Allemagne) & n'a d'autres
précautions à prendre contre les Suédois que
celles que ceux-ci prendroient contre les Danois; c'eſt-à-dire, d'élever des Forts munis
de Lyonnoiſes aux endroits de leurs côtes où
il feroit facile de faire des débarquemens. Les
autres querelles qui pourroient ſurvenir ſur
mer par rapport au commerce &c. font une
affaire à part, & j'ai déja dit que je me ré-
ſervois de parler des guerres maritimes dans
un autre Ouvrage.

§. VI.

DE LA POLOGNE.

LES peuples de ce Royaume Républicain font les plus malheureux non seulement de toute l'Europe, mais encore de l'univers, sans même en excepter les Nègres esclaves en Amérique. C'est ici que l'humanité souffre de voir ces misérables paysans sous le barbare despotisme des Gentilshommes. Le seul moyen de mettre fin à ces horreurs, seroit de leur donner un Roi, même aussi absolu que l'est celui de Dannemark, & de rendre la Couronne héréditaire dans une famille. Les Puissances de l'Europe en s'y portant, ne pourroient rendre un plus grand service à l'humanité & à la tranquillité publique, que de mettre fin à cette anarchie Polonoise qui leur a causé tant de troubles.

LA Pologne est un pays froid, mais fertile

quand les terres y font cultivées, & malheureufement il y a peu de cantons qui le foient,
pour deux raifons: la premiere eft la dépopulation, la feconde le peu de débouché de l'intérieur du Royaume pour le commerce des
grains & des autres denrées. De forte que
fans les nombreux pâturages qui nourriffent
une quantité prodigieufe de beftiaux, le commerce des Polonois feroit bien peu de chofe.

Tous les Etats de la Pologne contiennent
environ trente-cinq mille lieues quarrées, &
on n'y compte que trois millions deux cens
mille habitans, c'eft-à-dire, quatre-vingt-dou-
ze par chaque lieue quarrée (10). Pour mettre la Pologne fur un pied de guerre défenfive, il faudroit, dis-je, commencer par la
foumettre à l'autorité abfolue d'un Roi; car
auffi longtems qu'elle demeurera dans l'anar-

(10) Quoique tous ces calculs d'étendue & du nombre
d'habitans de chaque Etat ne foient pas exactement juftes, ils
ne différeront affurément pas d'un huitieme.

chie, toutes les Lyonnoifes du monde n'em-
pêcheroient pas fa deftruction. Elle a plus
de fept cens lieues de frontieres à garder;
elle eft entourée par la Ruffie, la Turquie,
la Hongrie, la Siléfie, la Pruffe, qui font
autant de voifins qui ne cherchent que l'occafion de la démembrer, ce qui ne manqueroit pas d'arriver un jour fi le gouvernement
Polonois continuoit fur le même pied; mais
je crois que cela feroit à fouhaiter pour le
bonheur de ce peuple.

§. VII.

DE LA PRUSSE.

LE Royaume de Pruffe, ou la Pruffe Bran-
debourgeoife, contient environ quinze cens
lieues quarrées. Le pays eft affez bon & fertile, quoique froid; mais peu peuplé, ainfi
que quelques autres Provinces des Etats du
Roi de Pruffe en Allemagne, excepté la Silé-

fie. Au refte une longue paix, & la diminution du grand nombre de troupes que ce
Prince eft obligé de tenir fur pied, feroient les
meilleurs moyens de peupler fes Etats & de
les rendre floriffans. Les Places de la Siléfie,
munies dé Lyonnoifes, affureroient à jamais
cette Province à fon poffeffeur ; & les frontieres des autres Provinces ne feroient pas bien
difficiles à couvrir.

§. VIII.

DE L'EMPIRE D'ALLEMAGNE.

Tout le monde fçait que cet Empire eft
une République de Princes Souverains, con-
fédérés pour le maintien de leurs priviléges
& de leur liberté, dont l'Empereur n'eft que
le Chef élu. Les Souverains qui compofent le
Corps Germanique, ne pourroient affurément
mieux en maintenir les Conftitutions qu'en

adoptant le fyftême des Lyonnoifes & en muniffant de cette arme les Places de leurs Etats ; alors l'Empereur leur Chef, quelque puiffant qu'il pût être, ne le feroit jamais affez pour enfreindre les Libertés & les Conftitutions de l'Empire.

Toutes ces différentes Principautés fouveraines de l'Allemagne réunies, contiennent une étendue d'environ vingt-fept mille lieues quarrées & vingt-deux millions d'habitans, c'eft-à-dire, huit cens quinze par chaque lieue quarrée. Généralement les hommes y naiffent d'une conftitution robufte ; auffi font-ils bons laboureurs & bons Soldats en même tems ; mais c'eft une vérité inconteftable, que le grand pied militaire fur lequel font aujourd'hui la plupart des Princes Allemands, eft la ruine de cette belle partie de l'Europe & la défolation de fes habitans, qui fans cela feroient des plus heureux.

M 4

§. IX.

DE LA MAISON D'AUTRICHE.

CETTE Maison Impériale possede la Hongrie & les autres Principautés contigues à ce Royaume, comme la Transilvanie, une partie de la Rascie, de la Bosnie, de l'Esclavonie, de la Servie, de la Dalmatie &c., l'Autriche, la Stirie, la Carinthie, le Tyrol, la Carniole, une partie du Frioul, de la Suabe, du Brisgaw, du Milanois, & le Mantouan, la Bohème, la Moravie, une partie de la Silésie, une partie de la Flandre, du Brabant & du Hainaut. Tous ces Etats sont contigus, excepté les Pays-Bas, le Milanois & le Mantouan, encore ces derniers le seroient-ils, si les Vénitiens n'occupoient une petite lisiere de ces Duchés qui en a été démembrée & qu'il seroit de leur politesse de vouloir bien échanger, pour l'amour de la symmétrie, contre quelqu'autre terrein ou pour une somme stipulée,

TOUTE cette étendue de terrein qu'occupe la Maison d'Autriche (excepté les Pays-Bas) contient vingt & un mille quatre cens trente lieues quarrées, dont la population eft à-peu-près égale à celle de l'Allemagne, excepté le Royaume de Hongrie qui eft beaucoup moins peuplé & qui contient d'immenfes campagnes que les guerres & le fanatifme ont rendues défertes, enforte que ce beau pays, tel qu'il eft actuellement, pourroit nourrir dix à douze millions d'habitans plus qu'il n'en a. Mais en revanche les Pays-Bas font extrémement peuplés; ils contiennent environ douze cens lieues quarrées & un million quatre cens mille habitans, c'eft-à-dire, douze cens par chaque lieue quarrée.

IL feroit à fouhaiter pour l'arrangement de la Maison d'Autriche, que Parme, Plaifance & Guaftalla fuffent un équivalent affez grand pour l'échanger contre les Pays-Bas; alors tous

M 5

ſes Etats ſeroient de plein pied. Mais il faudroit ici avoir recours au St. Pere, qui par une
généroſité vraiment paternelle céderoit, pour
l'amour du bon ordre & de l'arrangement, le
Ferrarois, le Bolonois, l'Exarchat de Raven-
ne, le Duché d'Urbin, avec tous les pays
ſitués entre la mer & l'Apennin juſqu'à Lan-
ciano & Aquila. Et ſi l'Empereur Roi de
Hongrie s'étendoit en même tems vers les
Turcs juſqu'à la Romanie, comme je l'ai rêvé
§. II., je crois qu'alors ſon ambition pourroit être ſatisfaite: & rien ne pourroit y con-
courir davantage que le ſyſtême des Lyonnoiſes, non ſeulement pour conquérir ſi on ſça-
voit profiter du moment favorable, mais auſſi
pour conſerver.

§. X.

DES PROVINCES-UNIES

dites vulgairement la Hollande.

Sɪ les Hollandois adoptoient le Syſtême des Lyonnoiſes, ils n'auroient aſſurément pas lieu de regretter leurs Places de barriere, car il n'y a pas de pays au monde plus facile à défendre avec ces machines, que les Provinces-Unies. Tous ces pays ſont coupés de digues & de canaux qui font tout autant de retranchemens; & preſque toutes les villes & habitations ſeroient autant de fortereſſes inexpugnables. L'étendue de ces Provinces peut avoir environ quinze cens lieues quarrées & contenir à-peu-près trois millions deux cens mille habitans, c'eſt-à-dire, plus de deux mille habitans par chaque lieue quarrée. Il n'y a point de pays en Europe qui ſoit auſſi peuplé à proportion de ſon étendue, de ſorte qu'on pour-

roit affurer hardiment , fans paffer pour in-
fenfé, que les Hollandois armés de Lyonnoifes n'auroient rien à craindre pour leur terrein,
de toutes les forces de l'Europe entiere réunies
contre eux.

Si les Lyonnoifes leur feroient avantageufes
pour la défenfe de leurs pays en Europe, elles
ne le feroient pas moins pour celle de leurs
colonies dont les fortereffes font en affez mauvais état.   J'en ai vu la plupart, non pas par
les defcriptions qu'en ont faites les relateurs,
mais par mes propres yeux.   Batavia , pour
une Place auffi importante , eft chétivement
fortifiée; mais avec les Lyonnoifes Batavia
feroit une Place inabordable, même à la portée du canon & de la bombe.   Il en feroit de
même de tous les autres Forts Hollandois qui
font dans les deux Indes.   Je fouhaite qu'ils ne
s'endorment pas dans la fécurité & qu'ils ré-
fléchiffent que le fort de la Hollande dépend

de fes colonies, lefquelles une fois enlevées il n'y a plus de commerce, & que fans le commerce la Hollande n'eft plus rien. Les Hollandois auroient bien encore une reffource qui eft celle de la pêche ; mais cette reffource pourroit un jour leur manquer en partie, s'il prenoit fantaifie à un Pape d'abolir le carême & les jours maigres.

§. XI.

DE LA GRANDE-BRETAGNE.

Sous ce dénominatif on entend l'Angleterre, l'Ecoffe, l'Irlande & les autres Ifles circonvoifines, qui toutes enfembles contiennent environ quatorze mille lieues quarrées & huit millions cinq cens mille habitans ; ce qui feroit fix cens quatorze habitans par chaque lieue quarrée.

La puiffance des Anglois, ainfi que celle

des Hollandois, eſt fondée ſur la marine & le commerce ; j'ai déja dit que je traiterois des guerres maritimes dans un Ouvrage particulier, je me contenterai de dire ici qu'une Puiſſance maritime & commerçante eſt ſujette à bien des révolutions, & que quand les forces navales viennent une fois à ſuccomber, celles de terre deviennent peu de choſe parce qu'on les a négligées. L'Angleterre ſur-tout pourroit ſe trouver dans ce cas ; car excepté cinq à ſix Places aſſez mal fortifiées le long de ſes côtes, l'intérieur du pays eſt tout ouvert ; de ſorte que l'ennemi une fois débarqué, rien ne pourroit l'arrêter ſi les Anglois venoient à ſuccomber dans une bataille ; ce qui feroit d'autant plus à craindre pour eux, que leurs troupes réglées ſont en petit nombre, & que les milices nationales ne ſoutiendroient pas longtems en raſe campagne.

LE Royaume d'Angleterre, dit Montecu-

culi dans fes Mémoires, étant fans forterefles,
a été trois fois conquis en fix mois, & Frédé-
ric Palatin qui avoit été proclamé Roi de Bo-
hême perdit tout ce Royaume par la feule bataille de Prague. Si quelque Prince barbare,
continue l'Auteur, fe fiant à fes armées nombreufes s'imagine qu'il n'a pas befoin de forterefles, il fe trompe; il faut qu'il ait continuel-
ment des armées fur pied, ce qui eft infup-
portable, ou qu'il foit expofé aux courfes ou
aux invafions de fes voifins &c. Le fyftême des Lyonnoifes préviendroit fans doute
ces inconvéniens. Les Anglois en élevant des
Forts, en terraffant leurs villes & leurs principales habitations, & en les muniffant de
Lyonnoifes, rendroient leur milice nationale
invincible. Il en feroit à l'égard de leurs colonies ce que j'ai déja dit de celles des Hollandois, mais fur-tout pour Madras & les autres
Forts que les Anglois poffedent le long de la

côte de Coromandel. Huit mille hommes dans ce pays armés de Lyonnoifes donneroient la loi au Grand-Mogol & à tous les Nababs de l'Inde. On me répondra que les Indiens à la fin s'armeroient auffi de Lyonnoifes: hé bien! alors on ne pourroit plus les attaquer; mais auffi les Forts Anglois n'auroient rien à craindre de leur part.

§. XII.

DE LA FRANCE.

LA France eft la plus belle Monarchie de l'univers, que fes rivales ne regardent pas fans envie. Il n'y auroit plus rien à defirer pour elle dorénavant, finon qu'elle eût le bonheur de jouir d'une longue paix. Vouloir agrandir la France plus qu'elle n'eft par des conquêtes, ce feroit réellement l'affoiblir & en diminuer la puiffance. Ce beau Royaume contient actuellement environ vingt-cinq

mille

mille lieues quarrées & vingt-cinq millions d'habitans, c'eſt-à-dire, mille habitans par chaque lieue quarrée, malgré ce qu'en ont dit de vains déclamateurs ſur ſa dépopulation (11). Quand on conſidere ſon climat, ſa poſition, la fertilité de ſon terroir, ſes produ&ions, l'eſpece de ſes habitans, l'on peut dire que les François ſeroient les plus heureux peuples du monde s'ils n'étoient accablés d'impôts, que l'Etat ſe trouve obligé de leur faire payer afin de maintenir ſa puiſſance & de faire face aux Ennemis jaloux de ſa gloire & de ſa proſpérité ; enſorte que l'état de la France eſt un état de guerre permanent qui ruine inſenſiblement & le Prince & ſes Sujets. Or. le moyen de remédier à ces maux ſeroit, je crois, d'adopter le Syſtême des Lyonnoiſes ; alors la France n'auroit plus rien à

(11) Un juſte dénombrement des habitans de la France a été fait depuis peu.

N

craindre ni à defirer pour la fureté de fes Provinces. On pourroit par ce moyen diminuer
les impôts de deux tiers ; le laboureur tran-
quille & libre procureroit l'abondance, & le
Commerçant les chofes utiles & commodes ;
j'entens ici le commerce intérieur d'une Province à une autre pour les différentes productions de la nature & de l'induftrie, que
les unes ont en fuperflu & qui manquent
aux autres.

LA France fe fuffifant, pour ainfi dire, à
elle-même, n'auroit pas befoin d'un grand
commerce extérieur, fur-tout pour fe procurer les métaux fi précieux aujourd'hui ; car à
quoi lui fervifoient de grands tréfors, puifqu'ils ne feroient plus ce que l'on appelle le
nerf de la guerre & qu'on ne feroit plus obligé à faire de grandes dépenfes extérieures pour
les fubfides &c.? En un mot fi la France
jouiffoit d'une tranquillité conftante pendant

deux fiècles feulement, il eſt à croire qu'elle regorgeroit d'habitans, & qu'il faudroit néceſſairement faire des émigrations du ſuperflu en établiſſant des Colonies dans les vaſtes déſerts qui exiſtent dans les quatre parties du monde. Je parlerai ci-après de l'établiſſement de ces Colonies.

§. XIII.

DE L'ESPAGNE.

L'AMBITION, l'affreuſe politique de Philippe II., la ſuperſtition fomentée par les fourberies des Prêtres & des Moines, la ſoif de l'or que produit l'Amérique, ont dépeuplé ce Royaume, & en ont rendu la populace la plus pauvre, la plus pareſſeuſe, la plus ignorante & la plus cruelle de toutes les populaces. L'Eſpagne contient environ vingt-huit mille lieues quarrées & ſept millions cinq cens mille habitans, c'eſt-à-dire, trois cens quarante-

quatre habitans par chaque lieue quarrée, &
cela dans un pays qui feroit le plus fertile du
monde, s'il étoit peuplé & cultivé.

LE Syftême des Lyonnoifes conviendroit
fans doute aux Efpagnols pour les mettre à l'a-
bri des coups du fort, dont ils pourroient
être un jour les victimes, non feulement en
Europe, mais encore dans les Indes. Car
on peut affurer, fans paffer pour être impu-
dent, que fi fept à huit mille hommes de bonnes troupes débarquoient dans leur Empire
d'Amérique, ils en feroient la conquête avec
plus de rapidité & de facilité que n'en ont eu
les brigands Cortès & Pizare, parce que tous
les Naturels Indiens fe joindroient volontiers
aux nouveaux débarqués, & que toutes les
fortereffes des Efpagnols en Amérique font
dans un pitoyable état. Cependant je fouhai-
terois qu'il ne vînt jamais dans l'efprit des
Efpagnols d'adopter le Syftême des Lyonnoifes,

afin que les malheureux Américains aidés de quelque Puissance Européenne qui auroit plus d'humanité que n'en ont les Espagnols, pussent un jour secouer le joug de leurs cruels oppresseurs. Peut-être seroit-ce un bonheur pour l'Espagne qu'il lui arrivât une pareille révolution; alors elle se repeupleroit; ce qui feroit à souhaiter, pourvu que ses habitans, de barbares & d'ignorans qu'ils sont, devinssent humains, éclairés & bienfaisans.

§. XIV.

DU PORTUGAL.

CE Royaume contient environ quatre mille cinq cens lieues quarrées & trois millions cinq cens mille habitans, ce qui feroit sept cens soixante-seize habitans par chaque lieue quarrée.

JE ferois pour les Portuguais à-peu-près les mêmes souhaits que j'ai faits pour les Espagnols, si le crépuscule de la raison ne com-

N 3

mençoit à paroître en Portugal, par les
foins d'un Monarque éclairé, fur les traces
duquel il faut efpérer que fes fucceffeurs mar-
cheront.

L E Syſtême des Lyonnoifes conviendroit
auſſi fans doute aux Portuguais pour les mettre à l'abri des entreprifes des Efpagnols leurs
ennemis naturels, ainfi que des autres ennemis
qu'ils pourroient avoir.

§. X V.

DES SUISSES ET GRISONS.

L E S heureux habitans de ces contrées ne
doivent le maintien de leur liberté qu'à la politique des Puiſſances qui les environnent, parce que l'une ne permettroit pas à l'autre d'en
faire la conquête: mais comme rien n'eſt fi
variable que la politique des Princes, il pourroit arriver qu'un jour il leur prît fantaifie de

fe partager les Louables Cantons. Alors malgré leurs montagnes, leurs rochers & leur bravoure, les Suiffes ne pourroient réfifter longtems à ces grandes Puiffances. Nous ne fommes plus aux tems où leurs ancêtres acquirent leur liberté par la force & la valeur; la maniere de combattre d'alors, corps à corps, avec l'arme blanche, n'iroit plus aujourd'hui que l'homme le plus foible & le plus poltron peut terraffer le plus fort & le plus brave avec une once de poudre & de plomb. Donc le Syftême des Lyonnoifes conviendroit tout auffi bien aux Suiffes qu'aux autres.

MAIS, me dira-t-on, fi les Puiffances de l'Europe adoptoient le Syftême des Lyonnoifes, elles n'auroient plus befoin de troupes auxiliaires, & par conféquent les Suiffes feroient privés de la reffource qu'ils ont de fe débarraffer du fuperflu de leur grande population. Cette réflexion m'auroit réellement

N 4

affligé, s'il n'y avoit pas eu d'autres débouchés à cet égard, ainfi que je les indiquerai
ci - après.

LE terrein qu'occupent les Républiques ou
Cantons qui compofent le Corps Helvétique,
contient environ deux mille deux cens lieues
quarrées & trois millions cinq cens mille habitans; ce qui feroit à - peu - près feize cens
habitans par chaque lieue quarrée, fi tout le
pays étoit habitable; mais comme la moitié
du terrein n'eft que montagnes & rochers in-
habitables, on peut dire hardiment que chaque lieue quarrée de terrein habitable contient
près de trois mille habitans. J'ai déja dit que
je ne donnois pas tous ces calculs pour exaêts,
mais que la différence n'en feroit pas grande.

§. XVI.

DE L'ITALIE EN GÉNÉRAL.

CETTE belle partie de l'Europe, semblable à un échiquier, est divisée en plusieurs petites Souverainetés, qui font autant de cafes fur lesquelles les principales Puissances de l'Europe ont fait marcher les pions de la politique depuis bien des siècles. Si l'on ofoit comparer les événemens politiques & militaires à des jeux agréables aux uns & désagréables aux autres, on pourroit dire que les Princes de la Maifon de Savoye ont été des joueurs heureux & téméraires qui ont fouvent rifqué toute leur fortune.

LES Etats du Roi de Sardaigne en Italie, quoiqu'ils ne foient pas d'une vafte étendue (car il n'eft pas queftion ici de l'Ifle de Sardaigne) font mis au rang des plus beaux & des plus fortunés de l'Europe, à caufe de la fageffe

N 5

du gouvernement de ce Prince: & l'ambition d'un Roi fage devra toujours être plus fatisfaite de régner fur un auffi beau pays que fur les plus vaftes Empires du Nord. Il feroit cependant à fouhaiter pour le bien de l'humanité que le Roi de Sardaigne pût encore ajouter à fes Etats ceux d'une certaine République fa voifine, & que les braves Corfes euffent une bonne provifion de Lyonnoifes; alors jamais aucune Puiffance ne pourroit les fubjuguer.

LES Etats du Roi de Sardaigne font environnés de hautes montagnes, excepté du côté du Milanois où ils font ouverts; mais quelques Forts munis de Lyonnoifes fuffiroient pour couvrir ce côté-là, & les autres côtés feront toujours très-faciles à défendre moyennant quelques Fortins à l'entrée & à la fortie des principaux paffages & défilés.

SI le Duché de Milan eft fort rétréci par les différens démembremens qui en ont été

faits, il y a apparence qu'il pourra remplacer
un jour d'un côté, ce qu'il a perdu de l'autre;
mais l'Italie souffrira peut-être encore quelque
révolution avant qu'on puisse parvenir à réunir fixement toutes les petites Souverainetés
& grands Fiefs qu'elle renferme, sous l'autorité de trois à quatre Princes. J'ai déja parlé
du Milanois §. IX. Et si le Duc de Parme,
comme je l'ai dit, devenoit Souverain des
Pays-Bas Autrichiens, & que ses Etats d'Italie
fussent réunis au Milanois comme le font ceux
de Mantoue & le feront ceux de Modene,
alors on pourroit espérer de voir renaître un
nouveau Royaume de Lombardie.

La République de Venise est une vénérable
vieille Dame qui a perdu les trois quarts de
ses dents, & celles qui lui restent font bran-
lantes. Si elle trouve que les Lyonnoises
soient un spécifique pour les raffermir, elle
pourra s'en servir.

VENONS aux Etats du Pape. J'avoue qu'é-
tant un Ecrivain pefant, peu éloquent, & qui
d'ailleurs n'aime pas le ftile élégant, fleuri,
fublime, je ne fuis pas peu embarraffé ici.
J'ai lu dans un certain livre, qui apparem-
ment fortoit de la plume infernale d'un dam-
né hérétique, que tous les fucceffeurs de S^t.
Pierre étoient des filous en politique, qui a-
voient conftamment friponné les Souverains au
jeu. Mais pour ne pas blafphémer fi groffié-
rement, je dirai donc plus poliment, que les
Papes ont été de fins joueurs qui ont fçu profiter de la maladreffe des autres, fur-tout lorfqu'ils ont fait la partie des Dames; telle, par
exemple, que celle avec la vertueufe & chafte
Mathilde; celle avec la chafte & malheureufe
Jeane, Reine de Naples.......

ON pourroit bien vous paffer quelques petites tricheries au jeu de la politique, à vous,
Princes mondains ; vous êtes tous des pé-

cheurs faillibles ; mais à un Pape infaillible ! à un Vicaire-Plénipotentiaire de l'Etre fuprême ! cela n'eft pas permis. Et je demande à tous les Jurifconfultes de l'univers, fi les gains il-licites ne font pas fujets à reftitution. Pour prouver l'affirmative je citerois les loix facrées que le divin Légiflateur du genre humain nous a laiffées, fi ces loix étoient fuivies à Rome ; & je prouverois encore que fi le Pape ne vouloit pas faire reftitution de bonne gra-ce, l'Empereur feroit autorifé par la Religion même à l'y contraindre. Malheureux font les peuples qu'un gouvernement abandonne à la charlatanerie des Prêtres & des Moines ! plus malheureux encore ceux qui font fous leur domination ! Princes, Souverains de l'u-nivers, ouvrez les yeux & ne fouffrez d'autres Miniftres de la Religion que ceux qui fuivent de point en point la morale de Jéfus-Chrift : alors leur ambition ne les portera pas à defirer la poſſeſſion des Royaumes de ce monde, mais bien celui du Ciel.

Le Pape eſt le ſeul à qui le Syſtême des Lyonnoiſes refuſeroit ſes bienfaits, & quand même *Sa Sainteté* l'adopteroit il ne lui ſerviroit de rien. On connoît la triſte ſituation des Etats de la Sainte Egliſe : preſque toutes ſes campagnes ſont en friches, ſes habitans ne ſont plus des hommes, ce ſont des inſectes éphémeres qui ne vivroient pas longtems, s'ils n'étoient nourris d'une partie de la ſubſtance & des productions que la ſottiſe des imbéciles ſuperſtitieux leur fourniſſent abondamment de la meilleure partie de l'Europe. Enſorte que ſi l'Empereur & le Grand-Duc de Toſcane d'un côté, le Roi d'Eſpagne & celui de Naples de l'autre, bloquoient les environs de Rome, ils feroient faire un Carême ſi rigoureux à la Spirituelle & Sacrée Cour, que cette pénitence ſalutaire feroit rentrer en eux-mêmes le St. Pere & ſes révérends Courtiſans, qui demanderoient pardon à Dieu de tous leurs péchés: & leur conſcience timorée les porteroit bientôt à renoncer aux vanités de ce monde, pour ne plus s'occuper qu'à la contemplation des délices éternelles qui les attendent dans l'autre.

A L'ÉGARD du Royaume des Deux-Siciles & du Grand-Duché de Toſcane, comme ces deux Etats ne-ſont pas encore entiérement fixés dans les limites qui leur conviennent, je n'en dirai autre choſe ici, ſinon que le Syſtême des Lyonnoiſes leur conviendroit auſſi bien qu'aux autres Puiſſances. La néceſſité ſeule pourra peut-être un jour leur en faire connoî- tre l'utilité.

✳

§. XVII.

De la Population & des Colonies.

L'AFFREUSE Politique a dit: la guerre eft néceffaire afin de débarraffer la fociété de plufieurs centaines de milliers de canailles qui lui feroient à charge fans elle. Mais cette maxime eft fauffe en tout point, puifque la guerre détruit plus de gens utiles que de gens inutiles.

LES trois quarts des Soldats ont été arrachés de la charrue. Payfans, ils étoient honnêtes, pleins de candeur, de probité & de religion; Soldats, ils font devenus fourbes, voleurs, impies, en un mot canaille. C'eft donc nôtre conftitution militaire & nos fréquentes guerres qui pervertiffent les mœurs. Et fi la guerre débarraffe la fociété de beaucoup de canailles, c'eft que la guerre eft une mere dénaturée qui dévore elle-même fes propres enfans.

enfans. Je l'ai déja dit, on ne doit pas comparer nos Soldats modernes avec ces anciens,
guerriers-laboureurs, qui n'employoient leurs
bras que pour la défenfe de leur patrie, de
leur liberté; & qui ne combattoient que pour
leur propre intérêt & la confervation de leurs
biens.

Il y a un moyen bien plus naturel que
celui de la guerre, pour fe débarraffer du
fuperflu d'une trop grande population ou des
gens inutiles. Les trois quarts de la terre
font déferts; il faut y établir des Colonies.

On a beaucoup agité la queftion: fi anciennement la terre & fur-tout l'Europe étoit plus
peuplée qu'elle ne l'eft aujourd'hui? Sans entrer dans une difcuffion auffi peu importante
au bien-être des hommes, je dirai feulement
que l'Europe ainfi que les autres parties du
monde feront toujours trop peuplées, lorsqu'elles ne le feront que de malheureux. Or

O

je doute que dans aucun siécle il y ait eu plus de malheureux qu'il n'y en a dans celui - ci. Donc la terre est trop peuplée? Mais laiſſons là les paradoxes & venons au vrai & à l'utile.

EN France, par exemple, on ſe plaint que la terre manque de cultivateurs, & que les trois quarts des laboureurs ſont pauvres & miſérables; cependant la France, comme j'ai déja dit, eſt bien peuplée; mais les trois quarts des payſans n'ont pas un pouce de terre en propre, voilà le mal; ils ſont eſclaves des propriétaires qui compoſent à peine le quart de la nation. Donc le mal vient de la trop grande inégalité dans la diſtribution des terres, par conſéquent des richeſſes; & ce mal augmentera d'autant plus que la population augmentera dans la claſſe des pauvres. Ce que je dis ici doit être appliqué à tous les Etats de l'Europe, mais proportionnément, aux uns plus, aux autres moins. Le Riche dit à un miférable qui implore fon fecours: Coquin, va labourer la terre. Ce malheureux pourroit lui repondre. — Monfieur, donnez-moi de la terre, une charrue, des beftiaux, des femences, des prairies, une cabane & du pain jufqu'au tems de la récolte, mes bras font tout prêts à agir. — Faquin, j'admire ta propofition, elle eft plaifante, mais voyons, je te donnerai ce que tu demandes, as-tu une caution bonne & valable? — Hélas! non, Monfieur — Adieu, va-t-en, laiffe-moi tranquile. C'eft-là le cas où plufieurs millions de pauvres payfans font réduits à mener une vie trifte & douloureufe, non feulement en France, mais encore dans toute l'Europe. Une petite partie de ces infortunés fe font Soldats & deviennent mauvais Soldats, parce que rien ne les attache à leur ingrate patrie; les autres périffent de mifere & d'inanition. Le Syftême des Lyonnoifes remédieroit à tous ces maux en fourniſſant les moyens de faire le bonheur des malheureux, parce que le Souverain ne feroit plus dans la néceſſité de faire de grandes dépenſes & par conféquent d'impoſer beaucoup ſur ſes Sujets. Il eſt probable que ſi l'Europe jouiſſoit d'une longue paix, la France feroit une des premieres Puiſſances qui feroit ſurchargée d'une trop grande population dans la claſſe des malheureux.

LEs autres parties de l'Europe, excepté la Suiſſe & une partie de l'Allemagne, ne feroient aſſurément pas dans ce cas en pluſieurs ſiècles; & quand même elles le feroient, les débouchés ni le terrein ne leur manqueroient pas, même en Europe. On pourroit établir des Colonies dans les meilleures Provinces de la Ruſſie, comme Cazan, Aſtracan &c. : on y placeroit au moins quatre-vingt millions d'ames. En Pologne & en Lithuanie, ſi l'affreuſe anarchie & l'eſclavage des payſans y étoient détruits, fans quoi je ne confeillerois à aucune Colonie de s'y établir, au moins trente millions d'ames. En Hongrie & Tranfilvanie, quinze à dix-huit millions. En Pruffe & dans les autres parties de l'Allemagne, cinq à fix millions. En Efpagne, quinze à vingt millions. Dans la Tofcane, les Etats du Pape, l'Ifle de Sardaigne, la Corfe même, fept à huit millions. Et fi l'on chaffoit de l'Europe & de l'Afrique les Turcs & les Babarefques, quels vaftes champs pour la population! Il eft certain que la quatrieme partie du terrein cultivable de la furface du globe, n'eft ni peuplée ni cultivée, & qu'il faudroit au moins trente fiècles de paix pour en cultiver & peupler un autre quart. L'Amérique feule nourriroit plufieurs centaines de millions d'habitans de plus qu'elle n'en a. Voilà le meilleur débouché pour la France. Lorfqu'elle feroit furchargée d'une trop grande population, elle feroit partir tous

O 3

les ans, fi cela étoit néceffaire, pour l'Amérique ou pour telle autre partie du monde qu'elle jugeroit à propos, comme les côtes d'Afrique, Madagafcar &c., une colonie de quatre mille familles, ce qui feroit à-peu-près dix
à douze mille ames. Je fuppofe que chaque
famille couteroit à l'Etat cent louis d'or ou
cent livres fterling faifant deux mille quatre
cens francs, tant pour les fraix de tranfport
que pour munir ces familles de bêtes à cornes
& à laine, de porcs, de volailles, de toute
forte de légumes pour les femences, de fro-
ment, feigle, orge, avoine &c., de tous les
outils propres au labourage, au charonnage, à
la charpenterie, à la maréchallerie, à la maçonnerie &c. avec une provifion de farine & de
légumes feches pour leur nourriture pendant
deux ans. (Mais point de Moines, d'Avocats
ni de Procureurs). Cela feroit quatre cens mille
livres fterling ou huit millions huit cens mille

francs. Cette fomme devra être impofée fur tous les propriétaires des terres & des richeffes, & cette impofition répartie entre eux, feroit très-modique & peu à charge à chaque particulier, d'autant qu'ils auroient peu d'autres impôts à payer, l'Etat jouiffant d'une paix & d'une tranquillité perpétuelle. Je fuppofe trois millions de contribuables à ce fujet, divifés en quatre claffes. La premiere, qui feroit la plus riche, que je mets à cinq cens mille perfonnes, payeroit cinq millions de livres; ce qui feroit dix francs par chaque perfonne par an. La feconde claffe, qui feroit auffi de cinq cens mille perfonnes, payeroit deux millions cinq cens mille livres, c'eft-à-dire, cinq francs par chaque perfonne. La troifieme claffe, qui feroit d'un million de perfonnes, payeroit quinze cens mille livres; ce qui feroit trente fous par chaque perfonne. La quatrieme clas-

O 4

fe, qui feroit auffi d'un million de perfonnes, payeroit fept cens cinquante mille livres, c'eft-à-dire, quinze fous par chaque perfonne par an. Total, neuf millions fept cens cinquante mille livres.

CES Colonies une fois établies ne feroient chargées d'aucun impôt pendant l'efpace de dix années; mais au bout de ce tems ils paye-roient une certaine redevance convenue, au Roi de leur mere-patrie, foit en argent, en denrées, ou en marchandifes. Et quand ces Colonies fe feroient accrues au point de pouvoir former un Etat un peu confidéra-ble, le Roi de leur mere-patrie leur donne-roit un Prince de fon Sang pour Souverain, auquel il concéderoit les redevances que lui payoient fes Sujets coloniftes. Bien entendu que ce nouveau Souverain reconnoîtroit tou-jours la fuzeraineté du Roi de la mere-patrie.

ON a dit que la Chine étoit la pépiniere du genre humain, je crois qu'on a dit vrai; j'ai eu le plaifir de parcourir une partie de ce vaste Empire; fa population eft fi grande qu'on peut dire fans exagérer qu'elle va à un cinquieme de celle du refte du globe de la terre. Il y a des Provinces où les femmes font fi fécondes qu'elles accouchent ordinairement de deux ou trois enfans à la fois: Auffi cette fécondité a-t-elle éteint tous fentimens de la nature, & les peres font noyer une partie de ces enfans nouveaux-nés, comme on noye les petits chats en Europe. Différentes hordes de Tartares viennent auffi tous les ans à la Chine & en emportent plufieurs milliers d'enfans de l'âge de trois à quatre ans, qu'on leur abandonne volontiers.

IL n'eft pas douteux que ces grandes émigrations qui jadis vinrent du nord de l'Afie inonder l'Europe, fortirent de la Chine, &

qu'il pourroit encore arriver dans plusieurs siècles, lorsque les vastes déserts de la Grande-
Tartarie seront repeuplés, qu'il se fît encore
des émigrations pareilles, si l'on n'avoit le
moyen de les arrêter. On a calculé qu'il y
avoit environ huit cens quatre-vingt-quinze
millions d'habitans sur la surface connue du
globe de la terre. On sentira sans doute combien doit être peu juste un pareil calcul; mais
en mettant cent millions d'habitans de plus ou
de moins on approchera du nombre; & vou-
lût-on porter cette population à un milliard,
la terre seroit toujours déserte, puisqu'on a
encore calculé qu'elle pourroit facilement nourrir quatre milliards ou quatre mille millions
d'habitans. Mais quand même le Démon de
la guerre seroit enchaîné pour jamais & que le
genre humain jouiroit d'une paix constante &
perpétuelle, la terre ne seroit jamais peuplée
à ce point. Les passions des hommes, leurs

infirmités, une légion de maladies épidémiques, & enfin la mort naturelle feront toujours des obftacles invincibles à la grande population.

VENONS à nos bons & braves Suiffes. Si cette Nation eft heureufe, paffe pour bonne, honnête & vertueufe, n'en attribuons la caufe qu'à la paix conftante dont leurs pays jouiffent depuis plufieurs fiècles, à leur façon de vivre fimple & frugale. Leur efpece n'eft pas différente de celle de leurs voifins. Il y a fans doute en Suiffe, comme par-tout ailleurs, des hommes dont les mœurs font corrompues. Il eft vrai que cette corruption ne s'introduit que par le retour de ceux qui ont fervi les autres Puiffances de l'Europe; mais ces corps infeétés de vices étrangers fe rétabliffent peu à peu, non pas par la falubrité de l'air, mais par les foins des fages Magiftrats: Et quoique journellement il arrive dans le pays de ces nouveaux malades, heureufement la maladie ne fe communique pas au gros de la Nation; il femble au contraire qu'elle fe diffipe bien plutôt là où il y a le plus de monde. Mais s'il y avoit en Suiffe des Princes, des Cours, des Courtifans, & fur-tout des guerres intérieures; fi le pays étoit fertile, abondant en matieres précieufes & propres à favorifer un grand commerce extérieur, les Suiffes feroient tout auffi corrompus & abforbés dans le luxe que les autres nations qui les environnent. Les vices & les vertus, les biens & les maux des humains dépendent des pofitions & des circonftances où ils fe trouvent. Trois chofes contribuent beaucoup au bonheur & à la propagation de l'efpece humaine; la paix, la médiocrité & la frugalité. La ftérilité eft fille du Démon de la guerre & de la mifere.

UN des plus grands débouchés qu'ayent actuellement les Suiffes, eft de fournir des trou-

pes auxiliaires à diverfes Puiffances de l'Europe. Un pieux Auteur a fait un livre où il
met en queftion, fi les Cantons peuvent en
confcience & légitimement donner des troupes auxiliaires aux Princes étrangers indiffé-
remment. On lui a répondu en difcours auffi
fcrupuleufement mefurés que ceux de la propofition, tandis qu'on pouvoit y répondre en
deux mots. Lorfqu'un Etat fe trouve dans
la néceffité de fe décharger d'une trop grande
population, il doit prendre le meilleur moyen
poffible pour y procéder, & éviter, autant
qu'il peut, une deftruction qui révolte la
nature, telle que celle qui fe pratique à la
Chine. Or les Louables Cantons ont choifi
le meilleur moyen poffible & le plus avantageux à l'Etat, parce que n'ayant pas les
moyens de foudoyer une armée, ils ont trouvé celui d'en avoir, toujours & fans fraix,
une très-formidable fur pied, toute compo-

fée d'hommes qui ont été difciplinés & exercés dans les différens fervices des Princes
étrangers, & qui font en partie revenus dans
leur patrie reprendre les cornes de la charrue;
car en Suiffe la plupart des payfans ont été
foldats auxiliaires, & par conféquent compofent une excellente milice nationale toujours
prête à la défenfe de leur patrie & de leur liberté. Au refte les confciences des Magiftrats
qui gouvernent les Cantons ne font pas plus
compromifes en fourniffant des troupes auxiliaires aux différentes Puiffances étrangeres,
que celles des armuriers & des fourbiffeurs
qui vendent des fufils, des piftolets, des fa-
bres & des épées à ceux qui par la fuite en
font un mauvais ufage; & ce n'eft pas à eux
à s'informer lefquels de ceux qui fe battent
ont tort ou raifon.

MAIS j'ai déja obferve §. XV. que fi les
Puiffances adoptoient le Syftême des Lyon-

noifes, ils n'auroient plus befoin de troupes auxiliaires & que par conféquent les Suiffes fe trouveroient privés de ce débouché: Alors ils auroient celui d'envoyer des Colonies en Efpagne, en Hongrie, en Tranfilvanie, en Ruffie, & en Pruffe, qui eft un bon pays. Les Souverains de ces différens Etats les recevroient avec plaifir, leur diftribueroient des terres & toutes les chofes néceffaires à leur établiffe-ment. On m'objecteroit peut-être que ces Co-lonies Suiffes perdroient leur liberté & devien-droient Sujettes des Princes qui leur donne-roient des terres. Sans doute, ces Coloniftes deviendroient Sujets du Prince dans les Etats duquel ils s'établiroient. Mais qu'entend-t-on par liberté? Les Suiffes n'ont pas plus de li-berté que beaucoup d'autres peuples de l'Eu-rope; excepté qu'ils ont très-peu d'impôts à payer & qu'ils ne font pas forcés à la mi-lice & aux travaux des corvées publiques;

du reste, ils font également sujets & soumis aux loix de la justice & de la police établis pour le maintien des sociétés. D'ailleurs si toutes les Puissances de l'Europe adoptoient le Systême des Lyonnoises & que par conséquent il n'y eût plus de guerre, leurs Sujets deviendroient aussi libres & aussi heureux que le font actuellement les Suisses.

ET la liberté de conscience, m'objectera-t-on encore? Je répondrai qu'on la trouveroit en Russie, en Transsilvanie, dans une partie de la Hongrie, en Prusse. Et il y a apparence qu'elle se trouvera dans peu chez toutes les Puissances de l'Europe; l'Espagne seule ne recevroit que les Colonies des Cantons Catholiques. Depuis quelque tems plusieurs familles de ces Cantons s'y font transplantées, & les Espagnols leur ont distribué des terres, des bestiaux &c.

§. XVIII. *Eta*

§. X V I I I.

Etabliſſement de la Religion dans les Colonies.

JE reviens ici aux Colonies que la France, ou telle autre nation que ce ſoit, voudroit établir en Amérique, en Afrique ou en quelqu'autre partie du monde nouvellement découverte. En établiſſant ces hommes, il feroit poſſible de les rendre plus heureux que ceux qu'ils laiſſeroient dans leur mere-patrie, parce que dans ces nouveaux établiſſemens on pourroit faire de nouvelles inſtitutions favorables au bonheur & au bien-être des hommes, & qu'il feroit difficile de réformer, en quatre ou cinq ſiècles de paix, les abus des loix contradictoires, les mœurs corrompues, & toutes les habitudes contagieuſes qui infectent actuellement l'Europe.

SANS entrer dans aucune diſcuſſion ſur les différentes ſectes qui ſont répandues ſur la

terre, je dirai que la Religion Chrétienne eft
la feule vraie & bonne qui exifte, & qu'elle
a été infpirée aux hommes par la Divinité
même. Mais par la Religion Chrétienne, je
n'entens pas ces pompeux appareils de cérémonies, ni ces glapiffantes déclamations que
font les Prêtres & les Moines : J'entens la pure
morale de Jéfus-Chrift. Qu'elle eft belle,
qu'elle eft douce cette morale! Mais hélas!
des charlatans l'ont habillée en Comédienne,
ils en ont fait une Actrice occupée à débiter
les Rôles les plus bouffons & les plus ridicules
afin d'amufer la populace. Il viendra un tems,
a dit Jéfus-Chrift, où les hommes adoreront
Dieu en efprit & en vérité. Voilà le vrai
culte, & le feul hommage que la Créature
doit à fon Créateur. Sans fafte, fans appareil,
l'homme doit à tous les inftans qu'il refpire
épancher fon cœur vers l'Auteur de fon être.
Ce culte eft inhérent à fa propre nature ; tous

les hommes, même les plus ftupides, ont une idée d'un Etre. créateur; il eft vrai que cette idée eft plus développée chez les uns que chez les autres. Les uns croient que c'eft le foleil, les autres la lune; feulement ils fe trompent: mais toute créature qui a l'idée d'un Etre au deffus d'elle eft naturellement portée à lui faire hommage. Il n'y a point d'Athées; tous ces vains difcours dictés par ces hommes qu'on appelle Efprits-forts, & qu'on devroit plutôt appeller des fous, font femblables à ces globules de favon que les enfans foufflent avec un fétu de paille.

La morale de Jéfus-Chrift eft fondée fur la raifon & la juftice naturelle. Elle eft la douceur même; & les Prêtres l'ont faite dure & acariâtre. Elle eft la fimplicité, la charité même, & les Prêtres l'ont faite faftueufe, intéreffée, avaricieufe. Elle réprime le vice, abhorre le crime; & les Prêtres l'ont faite

protectrice du vice & du crime. En un mot
ils en ont fait une charlatanerie politique
& un trafic honteux. Voyez ce fuperbe Pré-
lat tout chamarré d'or & de brillans, logé
dans un Palais fomptueux, traîné dans un char
magnifique; il dévore feul la fubfiftance de
dix mille pauvres dans une feule Province, &
fes voluptueux fubalternes qui ne font pas en
petit nombre, dévorent celle de cinquante
mille autres.

En établiffant des Colonies, il faudroit bien
fe garder de leur donner des Evêques, des
Prélats ni des Moines. Là où il y aura une
habitation de mille familles, deux Prêtres
fuffiront, & l'on devra toujours fe régler fur
ce nombre en proportion de celui des habitans.
Ces Prêtres devront être inftitués par le Prince,
de qui ils recevront un revenu fuffifant pour
leur fubfiftance & pour leur entretien. Mais
fur-tout point de Dîmes, point de revenus ca-

fuels. Les mariages, les baptêmes, les en-
terremens & toute la prétintaille, ne devront
ni fe payer, ni fe marchander.   Tous les différens cultes feront tolérés dans les Colonies;
mais on n'y devra prêcher que la pure morale
de Jéfus-Chrift; alors, fi même dans une Colonie il y avoit vingt différentes fortes de
Religions, on les verroit bientôt toutes fe
réunir & n'en former plus qu'une feule: tant
cette divine morale eft perfuafive, lorfqu'elle
eft prêchée dans toute fa pureté, & qu'elle
n'eft pas défigurée par les fophifmes & les
paradoxes des Prêtres intéreffés à la rendre
inintelligible.

Jésus-Christ n'a jamais penfé à établir
une Doctrine ou une Religion fur la terre.
Qu'on parcourre toute fa vie on n'y verra rien
de pareil; aucune chofe qui ait le moindre
rapport aux inftitutions religieufes de nos
jours.   Hélas! on nous dit que fa mort a été

falutaire aux hommes, je ne fçai, mais je crois que fa vie l'a été beaucoup plus, & il feroit à fouhaiter pour eux qu'il eût vécu cinquante ans davantage.

§. XIX.

Etabliffement de la Juftice dans les Colonies.

SI la morale de Jéfus-Chrift étoit bien empreinte dans le cœur des hommes, les Magiftrats auroient peu de loix à faire pour réprimer les vices, parce que peu d'hommes feroient vicieux: mais malheureufement la nature les a rendus fufceptibles de paffions qui les aveuglent; & lorfque l'intérêt & la cupidité s'eft une fois emparée de leur cœur, ils ne reconnoiffent plus ni religion, ni raifon, ni juftice, ni équité.

CHAQUE Colonie devra avoir fes loix écrites, où tous les cas feront prévus, mais il faut que ces loix foient peu nombreufes, fi fimples & fi claires, qu'on n'ait pas befoin

d'Avocats ni de Procureurs pour les interpré-
ter : car cette peste de la société ne devra
pas infecter les Colonies.

CHAQUE Prêtre devra lire toutes les se-
maines un Chapitre des loix à ses auditeurs,
il leur en expliquera l'esprit, & il adaptera
chaque Chapitre de la loi aux endroits de
l'Evangile qui y auront rapport, comme, par
exemple, la loi sur le meurtre, sur le vol,
sur l'adultere, sur la calomnie &c. Tous ces
Chapitres lui serviront de texte pour compo-
ser ses discours moraux, & cette maniere de
prêcher vaudra bien celle de nos Sermoneurs
modernes.

LES administrateurs de la Justice feront
nommés par le Souverain, ils en recevront
les appointemens nécessaires à leur subsistance
& à leur entretien ; en un mot il en sera de
la Justice comme de la Religion, c'est-à-dire,
qu'elle devra s'administrer gratis aux peuples.

§. X X.

Etablissement Oeconomique des Colónies.

CHAQUE habitation ne devra jamais être au
dessous de mille familles. Quand on fera partir les Colonistes de l'Europe, on aura attention de répartir un certain nombre d'ouvriers
dans les arts & métiers utiles à chaque habitation. Par exemple, pour une habitation de
mille familles, on donnera quatre Maîtres-
Maréchaux, quatre Maîtres - Charpentiers,
quatre Maîtres-Maçons, quatre Maîtres-Dra-
piers, quatre Maîtres-Tisserans, quatre Maîtres - Tailleurs, Tanneurs, Cordonniers &c.
Mais point de Perruquiers ni de Friseurs,
point de Lapidaires ni de tireurs & batteurs
d'or; ces sortes de gens devront être dans la
classe des laboureurs.

IL faudra en outre à chaque habitation
un Médecin avec un Etudiant en Médecine,

un Chirurgien & un Aide, un Apoticaire
& fon garçon avec une pharmacie complette : j'entens qu'il faudra toutes ces chofes au
commencement de l'établiffement de chaque
Colonie ; mais quand les habitations feront
en train, que le nombre des habitans fe fera
augmenté par la population, ce fera aux habitans à s'arranger & à augmenter le nombre des
Artiftes qui leur feront néceffaires ; mais ils
ne devront jamais fouffrir de fuperflu en ce
genre.

Lorsque les Coloniftes feront arrivés fur
le terrein qui leur aura été affigné, ils commenceront par tracer la circonvallation de la
Cité par un retranchement, tel que celui
dont j'ai parlé pour une Brigade. Cette enceinte fera perfectionnée petit à petit, & à
la fin elle deviendra une fortereffe.

Il faudra faire attention, en diftribuant le
terrein aux Coloniftes, de leur en donner une

P 5

étendue fuffifante pour leur poftérité jufques au dixieme en fus; c'eft-à-dire que je compte qu'une habitation de mille familles pourra à peine en cinq fiècles multiplier au delà de dix mille familles, & qu'alors elle reftera toujours à-peu-près au même niveau dans les fiècles futurs. Les fpéculatifs de la population n'ont qu'à calculer, ils verront que ce que je dis eft vrai. Au refte je compte auffi que mille familles ne feront guere plus de quatre mille ames. Donc on devra tracer la circonvallation de la Cité pour contenir quarante mille ames, & l'on devra auffi diftribuer aux premieres familles Coloniftes, des terres qui produifent fuffifamment la nourriture au même nombre de perfonnes.

ON m'objectera peut-être, qu'un fi grand nombre de laboureurs raffemblés dans une feule habitation auront trop de chemin à parcourir pour aller labourer leurs champs. A cela

je répondrai que cet inconvénient n'aura lieu
tout au plus qu'au bout de deux à trois siècles,
& qu'alors les Cités permettront à leurs citoyens qui auront leurs terres les plus éloi-
gnées, d'établir des villages, des hameaux &c.

I l seroit à souhaiter que les établissemens
de ces Colonies fussent sur le pied de ceux
que les ci-devant Jésuites ont établis dans le
Paraguai, qu'ils appellent *Réductions*. Tout
se fait en commun dans chaque habitation: il
y a des magazins généraux où toutes les denrées des récoltes se mettent; il y en a d'autres pour les étoffes, les toiles, le chanvre, la
laine, le cuir, les souliers, les bas, les bonnets
&c. Il y a des écuries générales pour ren-
fermer tous les bestiaux. Il y a des infirme-
ries où les malades sont traités. Chacun tra-
vaille pour le commun & porte son ouvrage au
magazin. Chacun tire des magazins les choses qui lui sont nécessaires, soit pour sa nour-

riture ou pour ſes vétemens. Les enfans ſont tous nourris & élevés en commun aux dépens de la Communauté juſqu'à ce qu'ils ſoient en état de travailler. Quand on marie un jeune homme, on lui donne toutes les choſes néceſſaires à ſon ménage. Les vieillards qui ne ſont plus en état de travailler ſont nourris & entretenus le reſte de leurs jours; on les charge de l'inſpection des ouvrages, des magazins, des diſtributions, & de la police néceſſaire pour maintenir le bon ordre parmi les Coloniſtes. Tous les trois ans on met à part toutes les denrées, toutes les marchandi-ſes ſurabondantes & qui ne ſont pas néceſſaires à l'entretien des habitations: on en fait com-merce, on les vend, & le produit ſe met dans le tréſor public. Le tribut qu'on paye au Prince ſe prend dans les magazins, partie en denrées, partie en marchandiſes, & partie en argent, s'il y en a.

Dans un pareil établiffement, la pareffe eft un grand vice, on la punit par diverfes pénitences ; & fi le pareffeux eft obftiné & incorrigible, on le retranche de la Communauté. Tout le monde eft occupé ; les heures de travail font réglées ainfi que celles du repos. Il y a auffi des tems marqués pour les réjouiffances & les divertiffemens publics.

Or je demande à tout homme fenfé fi les habitans d'une pareille Communauté ne doivent pas vivre heureux & contens. Exempts des foucis & des chagrins domeftiques, ils n'appréhendent pas qu'eux & leurs enfans manquent des chofes néceffaires à la vie & à leur entretien. Mais je doute que les têtes évaporées de nos Coloniftes Européens puffent s'accommoder au flegme de la tranquillité & de la douceur, que demande un tel établiffement.

§. XXI.

Loix somptuaires des Colonies.

CETTE grande misere des peuples dont on se plaint dans toute l'Europe & qui effectivement est portée à son comble chez la plus grande partie des nations qu'elle contient, provient de plusieurs causes. La premiere sont les guerres continuelles qui ravagent tout ; la seconde est le luxe immodéré & la débauche continuelle dans laquelle vivent les Grands & même les Bourgeois : car j'appelle débauche ces repas somptueux, ces tables chargées avec profusion d'une infinité de mets recherchés, fins & délicats. L'habitude, qui forme une seconde nature , a fait que les hommes ont multiplié leurs besoins au point qu'ils se trouvent malheureux lorsqu'ils en sont privés. Les Sauvages de l'Amérique se moquent de toutes les choses qui font les délices des peuples de l'Eu-

rope. Quand ils ne les connoiſſent pas, ils vivent heureux; mais dès qu'un Sauvage s'eſt
une fois accoutumé au goût de nos liqueurs-
fortes, il ſe trouve bien malheureux lorſqu'il
en eſt privé: tant la force de l'habitude ty-
ranniſe les ſens.

UNE autre cauſe de la miſere des Européens eſt ce nombre prodigieux d'ouvriers du
luxe qui à force de ſe multiplier manquent
d'ouvrage; & eux & leurs familles meurent
de faim & deviennent à charge au public. En
vérité je ne comprens pas, pourquoi les Ma-
giſtrats chargés de la police n'ont pas empê-
ché cette multiplication des ouvriers du luxe;
elle eſt ſi grande en France & en Angleterre
qu'on pourroit la faire monter à pluſieurs
centaines de mille; & c'eſt dans cette claſſe
d'hommes que la miſere ſe fait le plus ſentir,
& qu'elle crie plus fort. Les habitans des
villes aujourd'hui veulent exercer des métiers

aifés & qui ne fatiguent pas les bras. A chaque coin de rue on voit un horloger, & pour
un qui à de l'ouvrage, dix autres font à rien
faire. Il en eft de même des perruquiers, des
cordonniers, des tailleurs, des orfêvres, des
bijoutiers, des peintres, des fculpteurs &c.
Tous ces gens fans ouvrages deviennent des
vagabonds, des voleurs. Et pour comble de
turpitude, c'eft que l'on permet tous les jours
aux enfans des payfans de venir dans les villes
apprendre ces fortes de métiers. On en doit
dire autant de la profeffion de marchand,
tout le monde veut tenir boutique & bientôt chaque maifon fera une boutique, enforte
qu'il y aura autant de vendeurs que d'ache-
teurs. Cependant quel débit & quel profit
peuvent faire ces marchands? Le plus grand
mal eft que ces Meffieurs veulent faire bonne
chere, & tenir un certain état. Les profits
n'étant pas fuffifans pour fournir à la dépen-

fe,

fe, on s'attaque au fonds, on fe mange, on mange les autres, on fait banqueroute . . . . Voilà pourtant ce qui arrive tous les jours chez les trois quarts & demi, & les trois quarts de l'autre demi-quart des marchands. Après cela doit-on s'étonner qu'il y ait tant de mifere?

Il y auroit cependant un moyen bien fimple de fe débarraffer, même actuellement, de tous ces miférables fainéans qui réellement font à charge à l'Etat; ce feroit de les envoyer le plus tôt poffible établir des Colonies, (dût-on pour cet effet ufer de force) & de leur diftribuer des terres; alors ils n'auroient que l'alternative de travailler ou de crever; & la mort d'un pareffeux eft bien moins préjudiciable au public, que ne l'eft celle de l'âne d'un Meûnier.

Il fera facile d'empêcher tous ces vices de s'introduire dans les habitations des Colonies,

Q

& il le feroit bien davantage, fi, comme j'ai déja dit, il étoit poffible de former ces habitations fur le pied des Réductions du Paraguai: Alors tout luxe tomberoit de lui-même; il n'y auroit rien de fuperflu dans la Communauté; une belle fimplicité, une grande propreté, une honnête abondance y régneroient; on verroit empreints fur tous les vifages la fanté, le contentement & la joye. Mais, dis-je encore une fois, je doute que les cerveaux de la plupart de nos Européens puiffent s'accommoder d'un pareil bonheur.

On devra donc avoir attention, en établiffant des Colonies, que chaque habitation n'ait que le nombre d'artiftes qui lui fera néceffaire; paffé ce nombre, tous les habitans devront être cultivateurs, & l'infpection de la police devra être très-févere là-deffus. Il ne fera permis à un ouvrier qui aura plufieurs enfans, d'apprendre fon métier qu'à un feul, qui devra le remplacer quand il fera vieux ou qu'il mourra; fes autres enfans devront être culti-vateurs. Il en fera de même du nombre des marchands de toute efpece; mais pour qu'ils ne puiffent pas rançonner le public, tous les ouvrages & toutes les marchandifes quelcon-ques devront être taxés par le Magiftrat. Et je répete qu'il ne devra y avoir aucun bijoutier, aucune manufacture d'étoffes précieufes, de galons, de dorures, de dentelles & de tous ces colifichets inutiles qui font les délices de nos petits-maîtres & petites-maîtreffes.

QUAND la Colonie fera en train & parve-nue à un certain dégré d'accroiffement, on y établira une Société des Arts & des Scien-ces utiles, & fur-tout l'art de l'agriculture fera la baze de cet établiffement. Mais ces Académies ne devront pas, comme la plu-part de celles de l'Europe, s'occuper de cho-fes futiles & qui n'ont d'autre but que de satisfaire la curiofité. Elles ne devront pas non plus perdre leur tems à faire de brillantes differtations fur les articulations des membres des infectes, fur la réprodučtion des parties découpées d'un polype, fur celle des cornes d'un limaçon & des pattes d'une écreviffe, en un mot fur mille autres balivernes dont ces fçavantes Compagnies amufent un public ftupide & défœuvré. Elles ne devroient s'occuper qu'à des recherches utiles au bien-être & au bonheur des hommes; le champ en eft fi vafte & fi beau que je fuis toujours furpris que ces Sçavans, au lieu de le cultiver, l'abandonnent pour aller femer dans les ronces & les épines: auffi la récolte qu'on y fait eft fi peu de chofe, que la femence même y eft en pure perte.

Je vais finir ce paragraphe par une réflexion qui eft la vérité même: C'eft que le bonheur des hommes dépend de leurs mœurs;

par-tout où les mœurs feront corrompues, les hommes feront malheureux, fuſſent-ils dans la plus grande abondance. Cette corruption, ſemblable à un chancre, gagne bientôt toutes les parties: Alors la pareſſe, la miſere & le déſeſpoir ſurviennent bien vîte. Donc les Ma- giſtrats ne ſçauroient veiller avec trop d'atten- tion ſur les mœurs. L'adultere, la débauche, l'indécence, les paroles licentieuſes doivent être notées d'infamie ſans miſéricorde, & les membres corrompus doivent être retran- chés du corps de la ſociété. Mais pour pré- venir tous les déſordres où le tempérament d'une nature fougueuſe entraîne les jeunes gens, auſſi-tôt que dans une habitation il y aura un garçon & une fille nubiles, on devra les marier.

§. XXII.

Milice & Etat militaire des Colonies.

TOUTES les Colonies devront être fur un
pied de guerre défenfive. J'ai dit plus haut
que chaque habitation devra être retranchée
fuivant le Camp d'une Brigade, dont il eft fait
mention dans la troifieme Partie de cet Ouvrage. Chaque habitation au commencement aura deux à trois pièces de canon, fix cens fufils
& trois cens Lyonnoifes: fuivant que la Colonie augmentera en population, elle augmentera le nombre des armes qui lui feront néceffaires. Tous les hommes en état de fervir s'af-
fembleront tous les mois une fois pour faire
les exercices. Le Souverain enverra à chaque
habitation un certain nombre d'Officiers-Ma-
jors expérimentés qu'il aura perpétuellement
fur pied & à fes gages, pour exercer cette
milice; moyennant quoi il fera difpenfé d'en-

tretenir des troupes réglées fur un pied fixe, & fon Etat militaire n'en fera ni moins bon ni moins refpectable.

FASSE le Ciel que toutes mes rêveries puiffent un jour fe réalifer! Ce fouhait part d'un cœur tendre, compatiffant aux miferes des hommes, & qui donneroit volontiers jufqu'à la derniere goute de fon fang pour les rendre heureux.

§. XXIII.

Conclufion de l'Ouvrage.

L'ACTIVITÉ eft néceffaire aux hommes, fans quoi ils tomberoient dans une nonchalance ou une pareffe pernicieufe à la fociété. Il faut encore que les fociétés foient remuées par une certaine crainte, afin qu'elles ne s'endorment pas dans une profonde fécurité, qui pourroit être funefte à leur repos & à leur liberté. Si une Nation quelconque, par exemple, poffédoit des moyens trop faciles de fe maintenir en paix & que ces moyens vinffent un jour à lui manquer, elle feroit perdue fans reffource, parce qu'elle auroit négligé les talens militaires & toutes les fciences qui ont rapport à la guerre. Il n'en feroit pas ainfi avec le Syftême des Lyonnoifes, parce que bien loin d'abforber les talens militaires, il porteroit au contraire à plus d'activité & d'application, furtout du côté de l'art de la guerre défenfive, qui eft le plus difficile, le plus légitime & le plus néceffaire aux Nations.

UN des Auteurs de l'Encyclopédie a fait l'obfervations fuivante au mot FEU.

„ Tous ceux qui jufqu'à préfent ont tra-
„ vaillé à la Pyrotechnie militaire, n'ont eu
„ pour but que de faciliter la plus grande
„ deftruction de l'efpece humaine: quel but
„ quand on veut y réfléchir! Tous les arts
„ ont un bien oppofé: ceux du moins dont

„ l'objet unique n'eſt pas ſa conſervation,
„ n'ont en vue que ſes goûts, ſes plaiſirs, ſon
„ bien-être, ſon bonheur enfin. La guerre ne
„ peut-elle donc ſe faire ſans avoir pour uni-
„ que objet & le principal but, la plus grande
„ deſtruction de l'humanité ? Seroit-il impoſ-
„ ſible de trouver une armure d'un poids ſup-
„ portable dans l'action qui puiſſe parer de
„ l'effet des fuſils ? Qu'il ſeroit digne du gé-
„ nie de ce ſiècle de faire cette découverte!
„ Quel prix plus digne d'ambition! Que doit-
„ on deſirer davantage que d'être le conſer-
„ vateur de l'humanité?........

Je crois qu'on trouvera dans le Syſtême des
Lyonnoiſes, non ſeulement l'armure que l'on
ſouhaite, mais encore un rampart impénétra-
ble à toutes les fureurs de la guerre offenſive.

F I N.

Q 5

Examen que divers Militaires ont fait du Systême des Lyonnoises: leurs objections contre ce Systême, avec les réponses que d'autres Officiers ont faites à ces objections.

Examen & Objections.

LEs Lyonnoises couteront beaucoup , & le canon en fracassera un bon nombre; elles seront difficiles à manœuvrer , & embarrassantes. Il est vrai que la cavalerie n'auroit pas fort beau jeu vis-à-vis de ces machines; elles font réellement bonnes dans ce cas , pour couvrir les armées dans les marches & pour se soutenir derriere des retranchemens, parce qu'alors le canon ne peut pas les endommager aussi facilement qu'en rase campagne.

Réponses aux Objections.

LEs Lyonnoises couteront très-peu. Il en

faudra cent vingt-fix pour un bataillon de mille hommes. Chaque pièce pefera foixante-dix livres & coutera environ dix-huit écus argent de France ou dix-huit florins d'Empire: ce qui fera pour chaque bataillon deux mille deux-cens foixante florins; & pour en armer cent mille hommes, deux cens vingt-fix mille florins. (*)

QUAND le canon en caffera, les morceaux en feront toujours bons & on les fera racommoder à peu de fraix. Il y aura fans doute en rafe campagne, des Lyonnoifes brifées, ainfi que les fufils le font quand ils font atteints d'un boulet; cela eft inévitable, mais auffi l'Auteur n'a propofé d'agir offenfivement avec les Lyonnoifes que contre les Turcs qui font

(*) Au mois d'Octobre 1769 les Gazettes de Vienne & celles d'Altona ont dit que l'Empereur avoit fait frabriquer des chevaux-de-frife de nouvelle invention pour quatre-vingts mille hommes. Ces chevaux-de-frife ne font rien autre que des Lyonnoifes, dont l'Auteur a remis lui-même douze pièces au feu Empereur, il y a fix ans, pour fervir de modeles.

de malhabiles canonniers & qui ont une quantité immenfe de cavalerie.

D'AILLEURS les Lyonnoifes ne font rien moins que difficiles à manœuvrer, elles pefent peu; on en a fait l'expérience avec cent vingt-fix trains de grandes roues de chariots dont le poids étoit plus du double des Lyonnoifes; deux cens cinquante-deux payfans, dont deux à chaque train, les ont manœuvrées dans des terres labourées pendant toute une journée, les pouffant en avant, les tirant en arriere, & faifant plufieurs évolutions, comme de former le triangle, de marcher en triangle &c.; & tout s'eft exécuté avec facilité. L'objection d'embarras n'eft pas recevable dans cette occafion, car elles ne font rien moins qu'embarraffantes, pas même tant qu'un fufil. Il faut abfolument couvenir que les Lyonnoifes font très-avantageufes contre la Cavalerie, pour couvrir les armées dans les marches,

comme auffi pour fe foutenir derriere des retranchemens ; voilà fans doute des avantages
bien confidérables : auffi l'objet principal que
l'Auteur a eu pour but eft la guerre défenfive,
qui rend affurément l'offenfive bien difficile,
puifque celui qui agiroit offenfivement , feroit obligé de s'arrêter devant le moindre
retranchement & de faire des fiéges à chaque
pas.

ON ne peut pas contefter que dans un fiége
où les Lyonnoifes font à l'abri des bombes &
des boulets dans la Place affiégée , l'affiégeant
ne fçauroit en brifer ; & dès que la colonne de
l'affiégeant fe préfente devant la brèche pour
monter à l'affaut, il eft obligé de faire taire
fon canon, fans quoi il tueroit fon monde.
Or il eft de toute impoffibilité qu'une colonne,
quelque profonde qu'elle foit , puiffe foutenir
le choc de trois à quatre rangs de Lyonnoifes
qui fe foutiennent les unes les autres ; & quand

même les Soldats affiégeans feroient tous des enragés, on les extermineroit.   On n'a rien à craindre des efcalades.

IL feroit inutile d'en dire davantage à ce fujet, ce feroit répéter ce que l'Auteur a déjà dit dans le cours de l'Ouvrage, & il faudroit être bien obftiné ou bien ignorant dans le métier pour ne pas reconnoître combien le Syftême des Lyonnoifes fera avantageux pour la défenfive.

www.ingramcontent.com/pod-product-compliance
Lightning Source LLC
Chambersburg PA
CBHW070247200326
41518CB00010B/1726